科学のアルバム
かがやくいのち

カ

― ヤブカの一生(いっしょう) ―

高嶋清明

監修／岡島秀治

あかね書房

科学のアルバム かがやくいのち カ ヤブカの一生 もくじ

第1章 昼間に飛びまわるカ —4

動物の血をすう ——— 6
血をすって大きくふくれる腹 ——— 8
カの食べ物 ——— 10
みえない羽ばたき ——— 12
はく息やあせに飛んでくる？ ——— 14
カをたべる生き物 ——— 16

第2章 カやハエのなかま —— 18

カと同じなかま ——— 20
あしの長いカ？ ——— 22
そのほかのカのなかま ——— 24
アブのなかま ——— 26
ハエのなかま ——— 28

第3章 ヤブカの育ち方 —— 30

- オスとメスの出会い —— 32
- 卵が育つ —— 34
- 水ぎわに卵を産む —— 36
- 卵がかえる —— 38
- 水面にぶら下がる —— 40
- 皮をぬいで大きくなる —— 42
- さなぎになる —— 44
- さなぎからカになる —— 46
- 飛びたつ成虫 —— 48

みてみよう・やってみよう —— 50

- カをさがそう —— 50
- ぼうふらを調べてみよう —— 52
- カの体を調べよう —— 54
- カをよびよせてみよう —— 56
- 病気を運ぶカ —— 58

かがやくいのち図鑑 —— 60

- カのなかま —— 60

さくいん —— 62
この本で使っていることばの意味 —— 63

> この本では、日本にいるヤブカのなかまのうち、もっとも代表的な種のひとつであるヒトスジシマカの一生を紹介しています。

高嶋清明

昆虫写真家。1969年山形県山形市生まれ。山形大学人文学部卒業。写真家・海野和男氏の助手を経て2008年独立。山形県庄内地方をフィールドに、昆虫をメイン対象として撮影する写真家として活躍中。昆虫の動画撮影、昆虫の鳴き声の録音も手がけている。日本写真家協会、日本自然科学写真協会会員。近著に「子供の科学★サイエンスブックス 鳴く虫の科学」（誠文堂新光社）などがある。

雨具を着て雨の野原に出たことはありますか？体がぬれることも冷えることもなく、雨の日の生き物をじっくり観察できて、とても楽しいものです。私がヤブカの観察をはじめたのは、これとよくにた状況でした。ある年、あまりにカが多いので、養蜂家が使う防護服に身を固めて庭の草むしりをすることに…。すぐに私のまわりはヤブカだらけになりましたが、はだが出ているところがないので、さされません。身近な所にいやというほどいるカでも、おちついて観察できたのは、初めてのことでした。おもしろくなって地べたに座ってみていると、オスのヒトスジシマカがメスに先回りして飛んでいるのに気づきました。なかには、空中で交尾しているものまでいます。もう草むしりどころではありませんでした。みなさんも、一度ためしてみてください。この本にのっているいろいろなカのすがたに、ふれることができるでしょう。

岡島秀治

東京農業大学教授。1950年大阪生まれ。東京農業大学大学院農学研究科修了。農学博士。専門は昆虫学。アザミウマ目の分類や天敵に関する研究を中心に、幅広く昆虫をみつめ、コウチュウ目などにも造詣が深い。100編をこえる学術論文のほか、昆虫に関する図鑑類、解説書や絵本など、啓蒙書を中心に多数の著書・監修書がある。

夏になると、どこからともなく「プ〜ン」と、耳ざわりな音をたてて飛んでくる「カ」。みなさんはこのカが、さぞかしきらいなことでしょう。さされると赤くはれて、そのかゆさはたまりませんからね。でも、このカ、じっくり観察してみると、なかなか「おもしろいヤツ」だったんです。本書では、そんなカの知られざる生態を、たくさんの写真を使って、くわしく説明しています。カなら、街の中でもどこでも、探す必要もなくむこうからやってきます。みなさんも、この小さいけれどおもしろい昆虫を、じっくり観察してみてはいかがでしょう？ でも、さされないようにね…。

第1章 昼間に飛びまわる力

　昼に庭や公園で遊んでいるとき、気づかないうちにカにさされていることがあります。このカは、ヒトスジシマカやヤマトヤブカなど、ヤブカのなかまです。庭や公園、野原や林などで、昼に飛びまわっています。これとは別に、アカイエカやチカイエカなどの、夜に飛びまわるカもいます。日本にすんでいる代表的なヤブカであるヒトスジシマカのくらしを、みてみましょう。

■庭木の葉にとまっているヒトスジシマカ。本州以南にすんでいる力で、成虫は春から秋のおわりまでみられます。おもに昼間に活動しますが、夜に明かりのついている部屋に入ってくることもあります。

●人の手にとまっているヒトスジシマカのメス。昼間、庭や公園の日かげなどに行くと、すぐにあつまってきて、血をすいます。

動物の血をすう

　カは、血をすう虫としてよく知られています。ヤブカも、人や動物の血をすいます。ヤブカは、昼間、庭や公園の植物などにとまっていて、人や動物が近づいてくるのをまっています。そして、えものが近づくと、まっていた場所から飛びたちます。

　飛んできて人や動物の皮ふにとまったカは、歩きまわりながら口の先であちこちにさわってみて、皮ふの下に毛細血管がある場所をさがします。そして、針のような口をつきさして、毛細血管までとどかせ、血管の中を流れている血をすうのです。

🔺イヌの顔にとまっているヒトスジシマカ。体毛の多いイヌやネコなどでは、毛が少ない鼻や目、耳のまわりや、あし先などによくとまります。

▶人のあしにとまっているヒトスジシマカ。庭ややぶなどでは、はだがむき出しになっている部分に、あっという間によってきます。

● 前あしと後ろあしで体をしっかりとささえ、口先の針から血をすいはじめたヒトスジシマカ。まだ、腹は細いままの状態です。

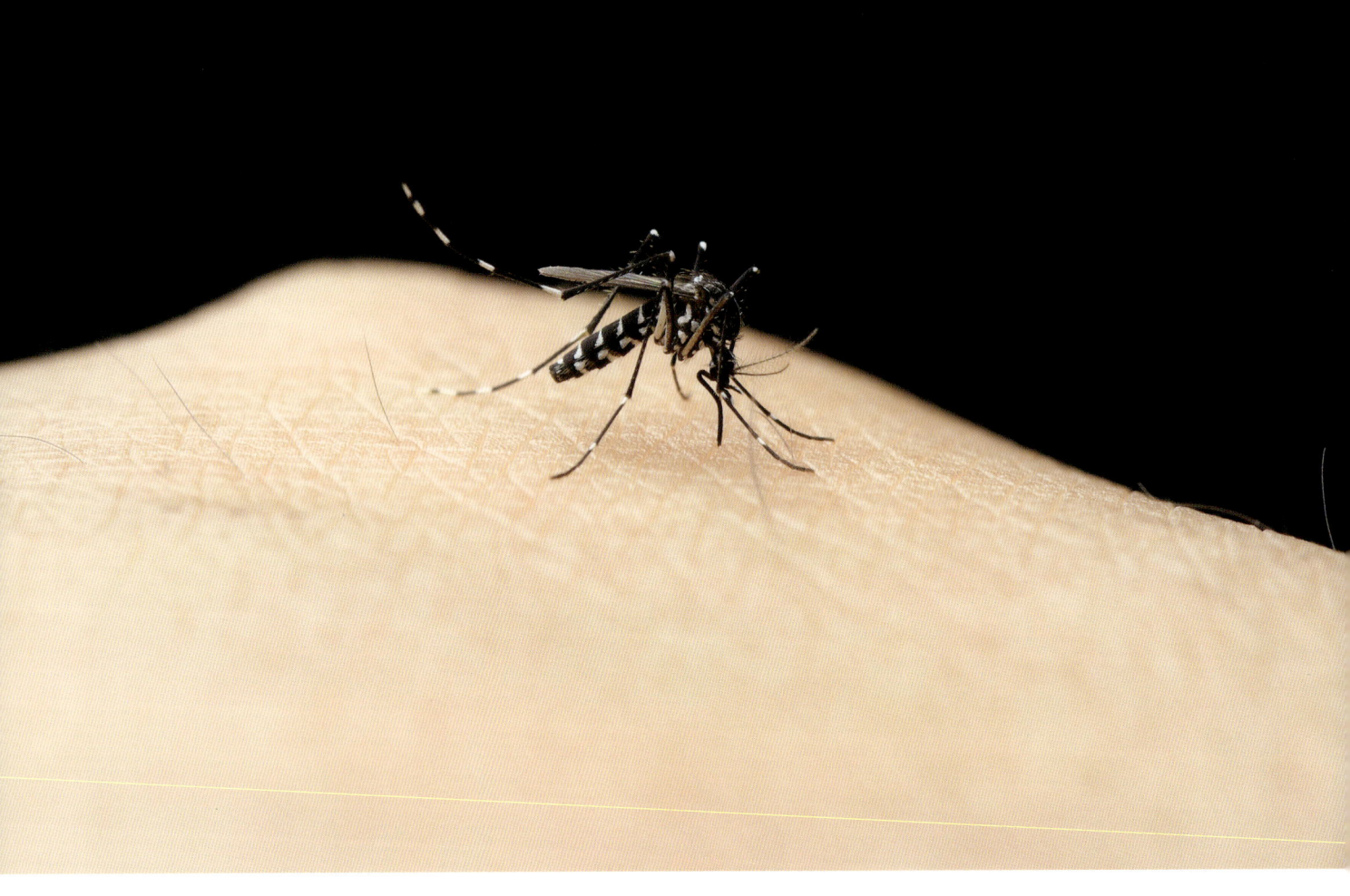

血をすって大きくふくれる腹

　血をすうときには、あしをふんばって体を固定して、口の先を皮ふにあてます。そして、口の先から人の髪の毛ほどの太さの針をのばし、皮ふにさして、針先で毛細血管をさがし、血をすいはじめます。このとき、血がかたまらないようにするだ液を、針から流しこみます。

　カの口にはポンプのやくめをする器官が2こあって、口のポンプで血をすい上げ、そして、のどのポンプですった血を腸へと送ります。血が送られてきた腸は、どんどんふくらんでいきます。3分ほどのあいだに、自分の体重と同じくらいの血をすうと、満腹になります。

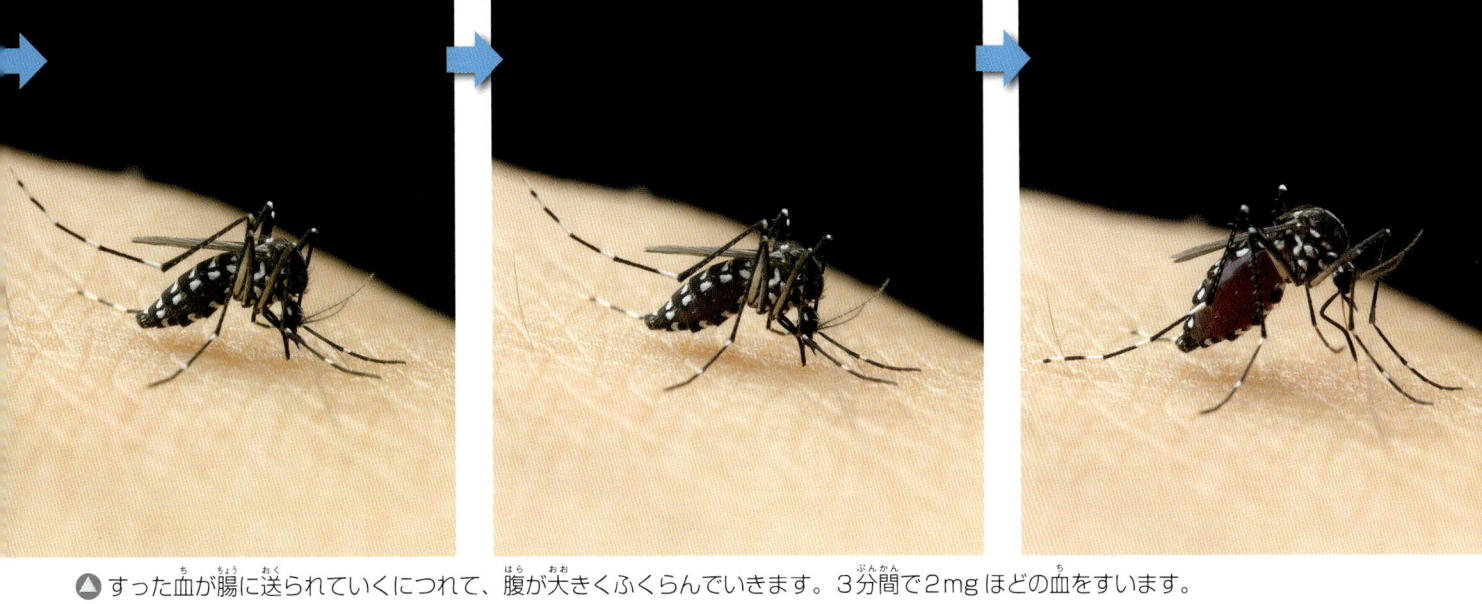

▲ すった血が腸に送られていくにつれて、腹が大きくふくらんでいきます。3分間で2mgほどの血をすいます。

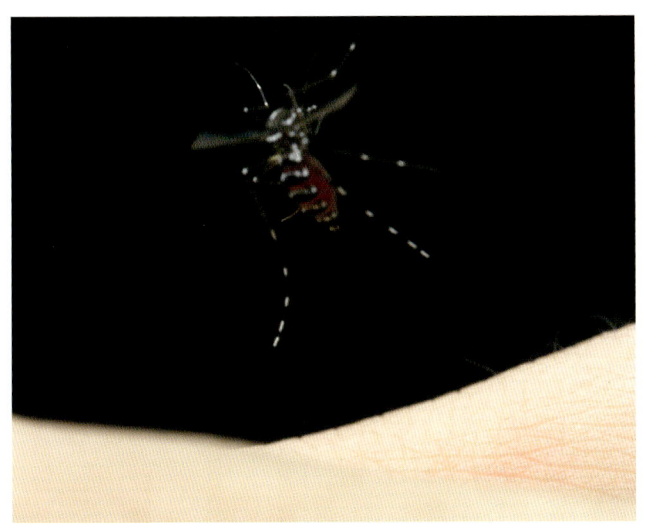

▲ 満腹になると、さしていた針をぬき、大きくふくらんだ腹をかかえて、飛びさっていきます。体の重さが倍くらいになったので、飛ぶスピードがおそくなっています。

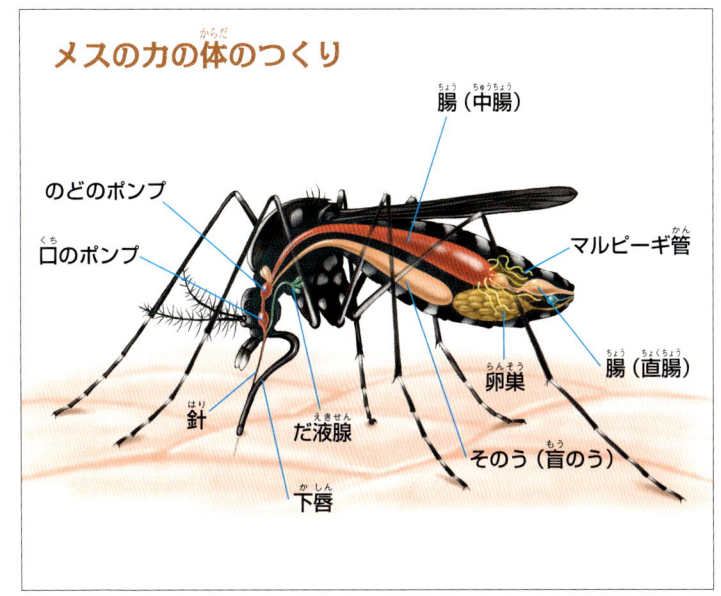

メスのカの体のつくり

腸（中腸）、のどのポンプ、口のポンプ、マルピーギ管、針、だ液腺、卵巣、そのう（盲のう）、腸（直腸）、下唇

さされるとなぜかゆい？

カが血をすうときに出すだ液には、血をかたまらないようにする作用があります。さらに、このだ液で、さされた人の体にアレルギー反応がおき、さされた部分がはれてかゆくなります。このかゆみがおこるまでに、さされてからだいたい3分くらいかかります。カはふつう、かゆみが出てくる3分がたつ前に血をすいおえ、飛びさります。かゆみによって、血をすっていることに気づかれる前に、ゆっくりと血をすうことができるのです。

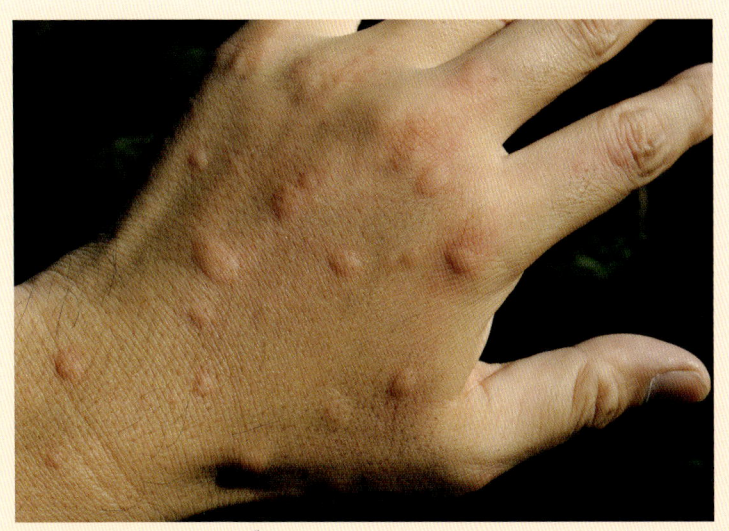

▲ カにさされてはれた手。

カの食べ物

　カの食べ物は動物の血だと思っている人が多いでしょうが、それは正しくありません。カの成虫の食べ物は、オスもメスも、花のみつやくだもののしる、樹液などです。針のような口で、あまいみつやしるをすい、その栄養を使って生きているのです。

　では、血をすうのは、何のためなのでしょう。じつは、血をすうのはカのメスだけで、しかも、自分が生きていくための食べ物としてすっているわけではないのです。メスは、卵を産むために血をすうのです。メスは体の中に卵のもとをもっていますが、この卵のもとは、腸に送られて消化された血を栄養にしないと、大きく育つことができないのです。

　カのオスとメスの小あごひげ（触肢）をくらべてみると、長さが大きくちがいます。オスの小あごひげは、口と同じくらい長くなっていますが、メスの小あごひげはとても短く、口の5分の1ほどの長さもありません。これは、血をすうときに小あごひげがじゃまにならないようになっているのだと考えられています。

▲ヒトスジシマカのオスの小あごひげ。口の左右に1対あります。触角には長い毛がたくさんはえています。

▲メスの小あごひげは、オスにくらべとても短くなっています。触角の毛は短く、数も少なめです。

▲ ヤブガラシのみつをすうヒトスジシマカのメス。メスもオスと同じように、花のみつやくだもののしるを食べ物にします。

■ イタドリの花のみつをすうヒトスジシマカのオス。オスは、動物の血をすうことはありません。すったみつは、腸ではなくそのう（盲のう）というふくろに送られ、消化されます。

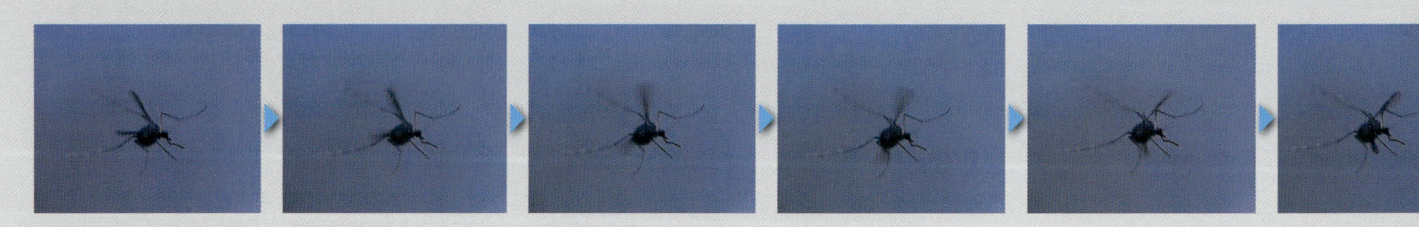

みえない羽ばたき

　カが耳のそばに飛んでくると、プーンというやや高い音が聞こえます。これは、カが1秒間に500回以上という速さで羽ばたいている音です。カは、それほど速くは飛べませんが、急な方向転換をしたり、空中に停止したりして、自由自在に飛びまわることができます。

　この動きをつくりだしているのが、2

● 飛んでいるヒトスジシマカ。あしをのばした状態で前ばねをすばやく羽ばたかせ、飛んでいます。飛行速度は時速2kmほどで、おとなの人が歩く速さの半分ほどです。円内は、飛んでいるのを背中側からみたところです。

▲ ヒトスジシマカの前ばね。下側のふちには、細かい毛がはえていて、すばやく羽ばたくのに役立っていると考えられています。

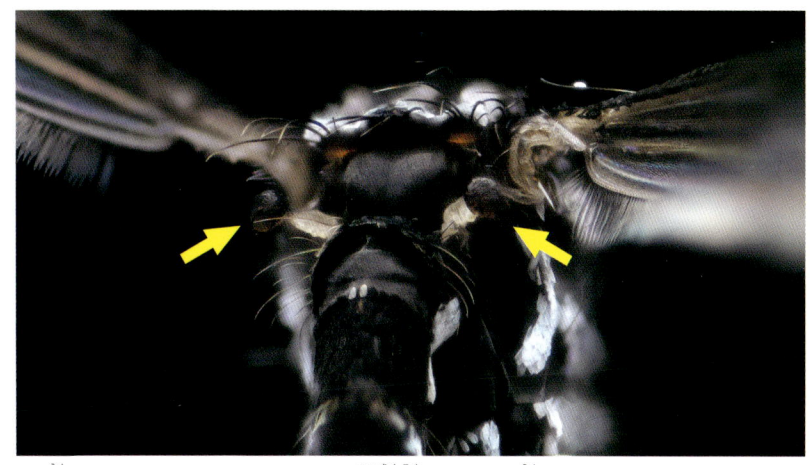

▲ 後ろからみたヒトスジシマカの平均棍（→）。後ろばねがぼうのようになったもので、飛ぶ力は生みだしていませんが、飛んでいるときに体のバランスをとるのに役立っています。

 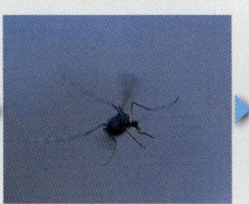  

◀ 飛んでいるヒトスジシマカのはねの動きを3000分の1秒ごとに撮影したものです。

まいの前ばねです。カの後ろばねは、小さなぼうのようなもの（平均棍）になっているので、前ばねの力だけで飛んでいます。しかし、前ばねを目にも止まらぬ速さで、しかも円をえがくように羽ばたかせることができるため、とても複雑な飛び方ができ、せまい場所にも入ってくることができるのです。

■ 人の手の近くに飛んできたヒトスジシマカのメス。

はく息やあせに飛んでくる?

　庭ややぶなどで立ち止まっていると、すぐに力が近づいてきて、うでや足などをさします。いったい力は、どうやって人がいるのに気づくのでしょう。

　力はあまり目がよくないといわれています。そのため、人や動物が1メートルほどまで近づかないと、目でみて気づくことができません。でも実際には、力は10メートルほどはなれた場所からも人に気づき、飛んできます。

　これは、人が口や鼻からはく息にふくまれる二酸化炭素や、あせや体のにおいを感じとり、近くに飛んでくるためです。そして、近くまでくると、あたたかさやしめり気なども手がかりにして、皮ふにとまります。

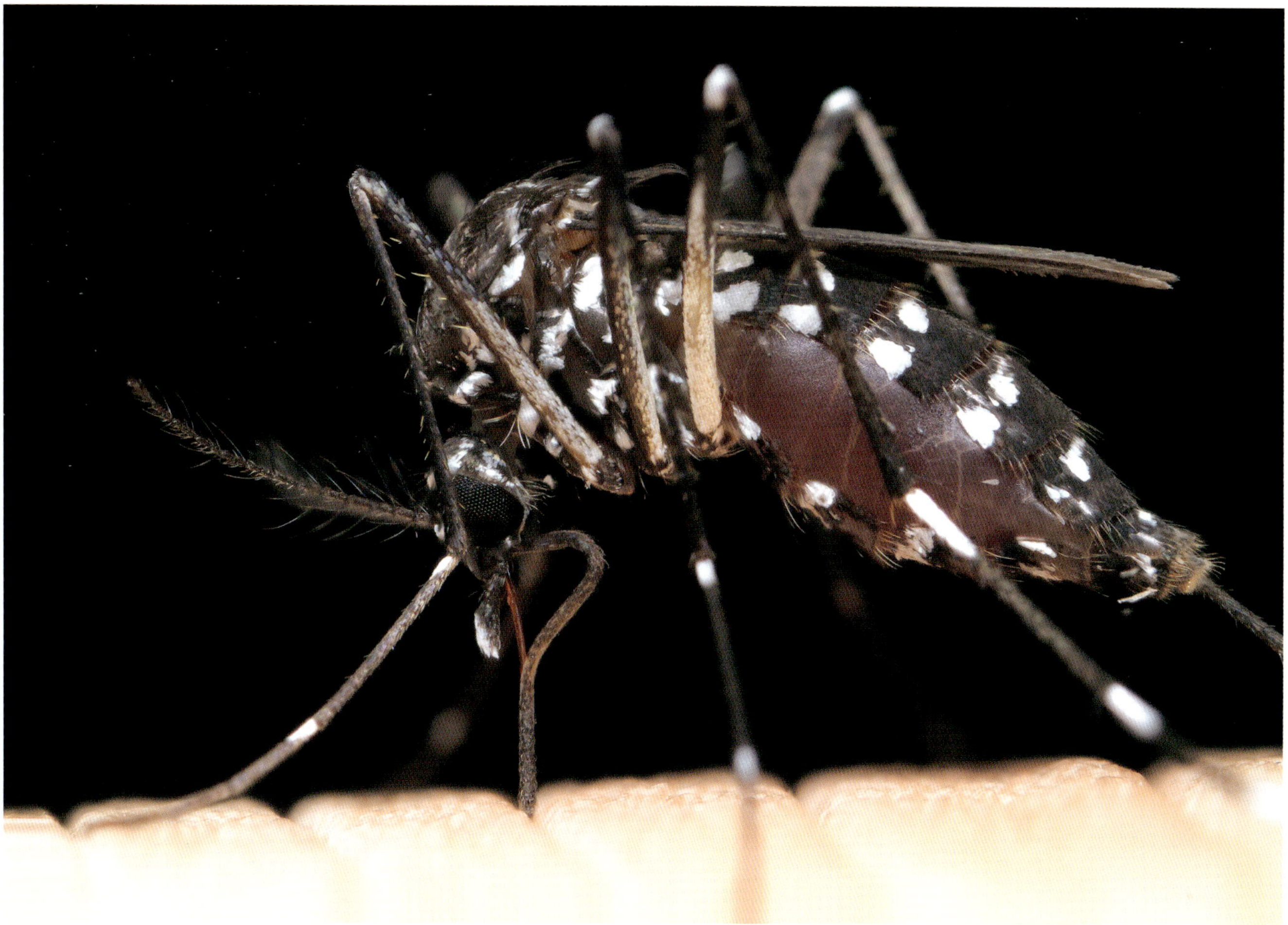

🔺 人の近くにやってきて皮ふにとまったあと、針のような口をさして血をすっているヒトスジシマカのメス。すった血で、腹が大きくふくらんでいます。

🔺 ぬいだスニーカーにとまったヒトスジシマカのメス。あたたかく、あせでしめっている場所にひかれてきたようです。

🔺 ショルダーバッグの側面にとまったヒトスジシマカのメス。しみこんだあせや体のにおいにひかれてきたようです。

カをたべる生き物

　カの成虫は、ふつう2週間から、長くても1か月ほどしか生きません。そして、多くのカは、この寿命をおえる前に、敵にたべられて死んでしまいます。カは体が小さく、動きもすばやいですが、たくさんの敵がいます。トンボやカマキリ、肉食性のアブ、クモをはじめ、いろいろな虫がカをたべます。また、カナヘビやヤモリ、小型のヘビなどのハ虫類もカをたべます。

　さらに、ツバメやコウモリは、飛びながら空中でカをつかまえてたべます。ツバメやコウモリのふんをみると、消化されなかったカの複眼がたくさんみつかり、カにとっておそろしい敵であることがわかります。それにくわえ、人が使う蚊取り線香や殺虫剤などによって命を落とすカも、とてもたくさんいます。

▲ヒトスジシマカをたべるノシメトンボ。トンボはカよりもすばやく飛び、小回りもきくので、やすやすとカをつかまえます。

▲飛びながらカをとらえたツバメ。昼間に活動するヒトスジシマカなどのカにとって、すばやく飛びまわるツバメはとてもおそろしい敵です。

▲飛んでいるアブラコウモリ。夕方から夜に飛びまわって、夜に活動するカなどをたべます。暗やみの中でも、超音波を使って飛んでいるカを探し、たべてしまいます。

▲ジョロウグモにたべられているヒトスジシマカ。飛んでいるうちに、クモのあみにかかってしまうカ（円内）も少なくありません。

第2章 カやハエのなかま

　カやハエ、アブなどは、ハエ目という同じグループに属している虫です。とても種類が多く、日本だけでも5000種以上がいますが、小型のものが多く、目立たないので、くらしがよくわかっていないものもたくさんいます。代表的なカやハエのなかまを、グループごとにみてみましょう。

■飛んでいるクシヒゲガガンボのなかま。ガガンボは、カによくにたすがたをしています。カよりもあしが細長く、メスが血をすうことはありません。

▲ アシマダラユスリカのなかまの成虫。体長6〜8mmほどで、水辺で大量に発生します。

◼︎ ユスリカのなかまの蚊柱。1ぴきのメスと交尾をするためにたくさんのオスがまわりに集まってきて、集団をつくります。成虫の寿命は1日から2日ほどしかありません。

カと同じなかま

　ハエ目の昆虫は、カやガガンボ、チョウバエなどのなかま（カ亜目）とハエやアブなどのなかま（ハエ亜目）という2つのなかまに、大きく分けられます。カ亜目のうちカと同じなかま（カ下目）に属しているものに、ユスリカとブユがいます。

　ユスリカは、水辺でよくみられるカににた小さな昆虫で、人や動物から血をすうことはありません。たくさんの成虫が集団（蚊柱）をつくって飛ぶことでしられています。幼虫はアカムシとよばれ、水中にすんでいます。つりえさや魚のえさに使われます。

　ブユは、山の中や渓流のまわりでよくみられます。小さなハエのようなすがたをしていて、メスが人や動物の皮ふをかんで血をすいます。

▲セスジユスリカの成虫。体長6mmほどで、水がよごれた川や下水溝などのまわりに多く、蚊柱がよくみられます

▲アカムシユスリカの成虫。体長1cmほど。

▲アカムシユスリカの幼虫。湖やぬまにすんでいて、水の底で体をゆするように動いています。

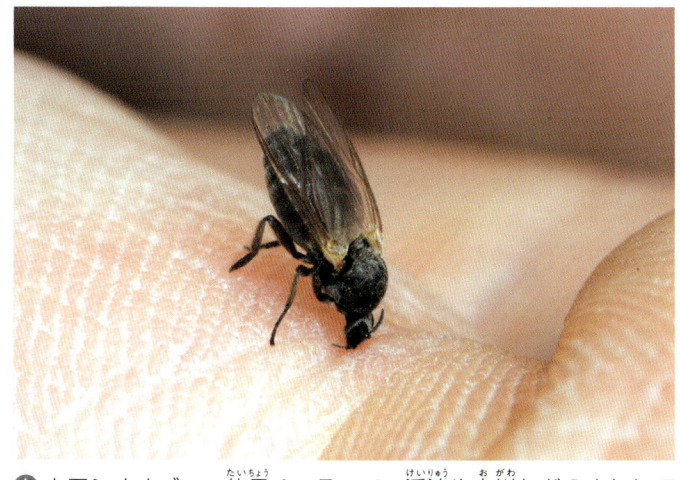
▲キアシオオブユ。体長4～5mmで、渓流や小川などのまわりでみられます。夜明けと夕ぐれどきに活動し、人や動物から血をすいます。

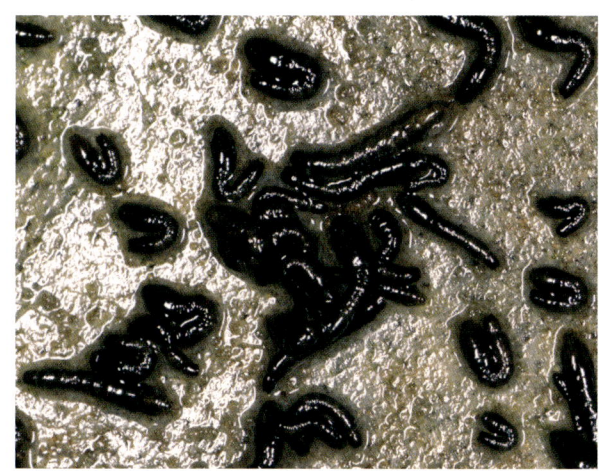
▲アシマダラブユの幼虫。水中の石などに腹先の吸盤でついて、プランクトンなどをこしとってたべます。

ブユはささずにかむ

ブユの成虫のメスは、カと同じように、体の中の卵のもとを育てるために、人や動物の血をすいます。ブユが血をすう方法は、カとは少しちがいます。針でさすのではなく、するどい口で皮ふを切りさいて、流れでてきた血を口でなめます。このときに、血がかたまらないようにだ液を出し、その成分に対してアレルギー反応がおき、はれてかゆくなります。

▲キアシオオブユのメス。口で人の皮ふを切りさき、血をなめます。

■ベッコウガガンボ。腹部に横じまがあり、アシナガバチ（円内）に擬態しているといわれます。腹先はとがっていて、針があるようにみえます。

あしの長いカ？

　ガガンボは、すがたがカにとてもよくにていますが、カ亜目のべつのなかま（ガガンボ下目）に属する昆虫です。カよりやや大型で、体やあしが細長くてもろい感じのものが多く、カトンボとかアシナガトンボという名でよばれることもあります。

　成虫はカと同じように、針のような口をもっていますが、花のみつや樹液などを食べ物にしていて、カのように血をすうことはありません。幼虫はしめった土の中や水の中でくらしています。植物の根や落ち葉、くさった植物のかけら、カビなどをたべるものが多いですが、水中の小さな動物をたべるものもいます。キリウジガガンボの幼虫は、田んぼの土の中などにすみ、イネの根をたべる害虫として知られています。

▲産卵するクチナガガガンボのなかま。花にあつまって長い口をのばし、みつをすうすがたがよくみられます。

▲キリウジガガンボの成虫。体長15mmほど。幼虫は田んぼの土の中などにすみ、イネの根や芽などをたべます。

▲クモガタガガンボのなかま。成虫は体長5mmほど。はねが退化していて、雪の上などを歩きまわってくらします。

▲ヒメガガンボのなかま。ベッコウガガンボやキリウジガガンボがふくまれるガガンボ科とはべつのヒメガガンボ科の昆虫です。

▲ユウレイガガンボのなかま。体長10mmほど。水辺でよくみられ、あしがとても細くて長いです。

ウスイロアシブトケバエのメス。全身に細い毛がたくさんはえています。オスは胸部が黒く、メスよりも大きな複眼をもっています。

そのほかのカのなかま

カ亜目にはカのなかまやガガンボのなかまとは別に、ケバエやキノコバエのなかま（ケバエ下目）やチョウバエのなかま（チョウバエ下目）などがいます。

ケバエは、体長1センチメートルほどで、アブのようなすがたをしています。幼虫はしめったどろや堆肥などの中で育ちます。成虫は花のみつなどをすってくらし、大きなむれになることもあります。

キノコバエは、メスがきのこに卵を産みつけ、幼虫がきのこをたべて育つものがたくさんいます。成虫は体長数ミリメートルしかなく、大量に発生して家の中に入ってくることもあります。

チョウバエは、小さなガのようなすがたをしています。このなかまでは、オオチョウバエやホシチョウバエが、トイレや風呂場などでよくみられます。

🔺オオチョウバエの成虫。体長4〜5㎜ほどで、毛がはえているはねを広げたすがたでとまります。

🔺交尾をするキノコバエのなかま。とても種類が多く、くらし方がよくわかっていないものが多くいます。

ホタルのように光るキノコバエ

　オーストラリアやニュージーランドにすむヒカリキノコバエは、幼虫が発光することで有名です。幼虫は、ホタルと同じしくみで青白く光るので、グロウワーム（かがやくいも虫という意味）ともよばれます。幼虫は、どうくつなどの天井にふくろのような巣をつくります。そのまわりにねん液でつくった糸を何十本もたらし、光でユスリカなどをよびよせ、糸でからめとって、たべます。

🔺ヒカリキノコバエの成虫。成虫は何もたべず、数日で死んでしまいます。

🔺ヒカリキノコバエの幼虫の巣（➡）。ねん液の糸は、数㎝から数十㎝の長さになります。幼虫は体長3㎝ほど。

🔺無数のグロウワームがかたまって巣をつくるので、どうくつの天井がまるで星空のようにかがやいています。

アブのなかま

　ハエ目のもうひとつのグループであるハエ亜目は、アブのなかまとハエのなかまに大きく分けられます。

　アブのなかまには、アカウシアブやシオヤアブ、ビロウドツリアブ、オドリバエ、アシナガバエなどがいます。これらのアブのなかには、ほかの昆虫をとらえて体液をすうものがたくさんいます。また、アカウシアブやイヨシロオビアブなどは、メスが動物や人の皮ふを口で切りさき、流れて出た血をなめます。

　しかしなかには、ビロードツリアブのなかまなどのように、細い口で花のみつをすうものもいます。このなかまの幼虫は、ハチなどの巣に入り、さなぎにとりついて、たべてしまいます。

▲セイヨウミツバチをとらえたシオヤアブのメス。オスは腹部の先が白い毛におおわれています。体長3cmほどしかありませんが、飛んでいる昆虫をとらえます。体の大きなカナブンやハナムグリまでつかまえ、体液をすいます。

メスにプレゼントをするオドリバエ

オドリバエのなかまは、交尾をするために、オスがメスにプレゼントをすることで有名です。ネウスオドリバエやハルノオドリバエなどのオスは、飛んでいる昆虫をつかまえると、メスにそれをプレゼントし、メスがたべているあいだに交尾をするのです。

つかまえた昆虫を糸でくるんでわたす種も多くみられます。なかには、昆虫ではなく、えさにならないごみを糸でくるんだり、中身がからっぽの糸のかたまりをわたして、メスをだまして交尾する種類もあります。

▲ネウスオドリバエ。上がオスで下がメスです。メスはオスからプレゼントされたハエのなかまをかかえて、体液をすっています。

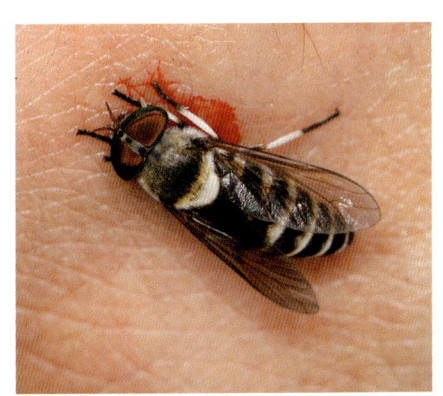
▲イヨシロオビアブ。体長 1.5cmほど。渓流などに多く、アカウシアブとともに、メスが人の血をすうアブの代表です。

▲ハネモンアブ。体長1cmほど。田んぼやぬまのまわりに多く、山にもいます。メスが人の血をすいます。

▲マダラアシナガバエ。体長5mmほど。飛んでいるカやユスリカなどをつかまえて体液をすいます。

▲アメリカミズアブ。体長 1.5〜2cm。アメリカ大陸原産の外来生物で、あさい小川やコンポストのまわりなどでみられます。

▲ビロウドツリアブ。体長1cmほど。飛びながら花のみつなどをすいます。体は毛におおわれています。

ハエのなかま

　ハエのなかまには、ハチにすがたがにているハナアブ類と、ふだんわたしたちがハエとよぶハエ類がいます。どちらも同じハエ下目の昆虫で、日本だけでも3000種類以上がしられています。

　これらのハエのなかまは、花のみつやくだもののしる、アブラムシが出すあまい排せつ物（甘露）などをなめるほか、種類によって花粉や、死んだりかれてくさっている動植物やふん、動物の体液や血液などをなめます。

　ハエのなかまは、植物の受粉を助けたり、くさったものを分解するたいせつなやくめをはたしています。しかし、なかにはばい菌やウィルスなどを運んで、病気の原因になったりするものもいます。

▲キイロショウジョウバエ。くさりかけのくだものや樹液にやってきます。コバエともよばれ、家の中でも、くだものの皮や生ごみなどにやってきます。

▲キイロショウジョウバエの卵（円内）と幼虫。成長がはやく、産卵から1～2週間ほどで羽化します。

◀キイロショウジョウバエのさなぎ。

▲花のみつをなめているコガネオオハリバエ。ミツバチににたすがたをしています。幼虫はほかの昆虫に寄生します。

▲ミナミカマバエ。水辺に多く、かまのような形の前あしでほかの昆虫などをつかまえて、体液をすいます。

◼︎ 飛びながら交尾をしているヒメヒラタアブのなかま。ハチににた色ともようをしていて、花の上などでよくみられます。後ろばねが小さく、はねが2まいしかないようにみえます。

▲ 花のみつをなめるオオハナアブ。コマルハナバチににています。

▲ キンアリスアブ。幼虫はクロヤマアリの巣の中で育ち、羽化します。

▲ タンポポにとまったアシブトハナアブ。後ろあしのももが太く、めだちます。

▲ ケブカハチモドキハナアブ。オオフタオビドロバチなどににています。

▲ センチニクバエ。ふんやくさったものにその瞬間にふ化する幼虫を産みつけます。

▲ ヒロズキンバエ。世界中の温帯から熱帯のひろい地域でみられます。

■ 飛びながら交尾しているヒトスジシマカ。草などにとまって交尾をしたり、飛びながら交尾をします。

第3章 ヤブカの育ち方

　ヤブカは、オスと交尾したメスが、雨水がたまった小さな水たまりなどに卵を産みます。ふ化した幼虫は水の中で育ってさなぎになり、羽化するときに水面に出てきて、飛びたちます。産卵した卵からふ化した幼虫がどのように育って成虫になっていくのかをみていきましょう。

▣ 葉のうらにとまっているヒトスジシマカのオス。メスが血をすいにやってくる動物や人の近くまできて、メスが飛んでくるのをまっています。

オスとメスの出会い

　ヤブカのメスは、羽化して5日ほどで卵をつくれるようになり、人や動物の血をすうようになります。オスは、人や動物の近くで、やってくるメスをまちます。オスとメスでは、はねが出す音がちがっていて、音色でオスかメスかを聞き分けることができるようです。そして、はねの音を聞いてメスが飛んできたことを知ると、飛びたってメスに近づき、交尾をします。

　ヤブカの交尾は、葉などにとまるか、飛びながら行われます。メスは、一生に1回だけしか交尾をしません。交尾をすませたメスは、オスが近づいてくると、オスからにげるようになります。このときメスは、オスと同じはねの音で羽ばたき、オスが近づくのをさけるようです。

▲ 草の葉にとまったヒトスジシマカのメス。血をすうために、動物や人がやってくるのをまっています。

● 葉のうらにとまって交尾をするヒトスジシマカ。右側にいるのがオスで、腹部を手前にまげるようにして、腹先をメスの腹先にくっつけています。

▲ 飛びながら交尾をしているヒトスジシマカ。アカイエカなどは1ぴきのメスのまわりに多数のオスがあつまって蚊柱をつくり、飛びながら交尾をします。ヤブカの場合は、飛びながら交尾をすることもありますが、オスがたくさんあつまることはありません。

羽音でメスをさがす

　カの羽音は種類ごとにちがっていて、ヒトスジシマカは500ヘルツくらいの高さの音を出します。しかも、オスとメスで音色が少しちがっています。カは触角のつけねにジョンストン器官という聴覚器官があります。この器官でたがいに羽音を聞き、オスかメスかを聞き分けています。

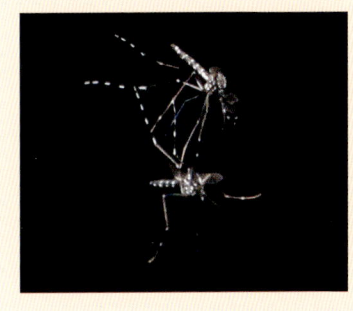

◀ 飛んでいるメスに近づいてきたオス（上）。羽音でメスをみつけ、近づいて交尾をします。

卵が育つ

　交尾をしても、メスはすぐに卵を産みません。まだ体の中の卵は小さく、卵を十分に育てるためには、人や動物の血をすって、その栄養を卵に送らなければなりません。カのメスが血をすうのは、自分が生きる栄養をとるためではなく、卵を育てるためなのです。

　すった血はすべて卵を育てるために使われます。自分が生きる栄養は、オスと同じように、花のみつなどをすって、そこから利用します。満腹になるまで血をすうと、メスの体の中で卵が育ちはじめ、それから3日ほどかけて十分に成熟していくのです。

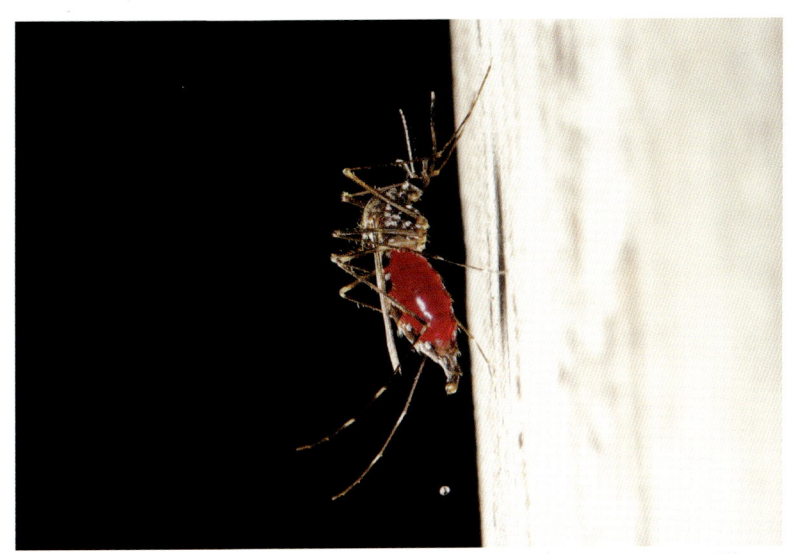

▲水をすてるヤマトヤブカのメス。満腹になるまで血をすったあと、動きやすくするためなのか、血にふくまれている水分をすてることがよくあります。

■血をすったあと、葉にとまって休んでいるヒトスジシマカのメス。満腹になるまで血をすったので、腹が大きくふくらんでいます。

▲産卵間近のメス。血をすったすぐあとから卵が成長をはじめます。血がすべて利用されて卵が成熟するまで、気温25〜30℃で3日くらいかかります。

メスの体の中で卵が育っていくようす

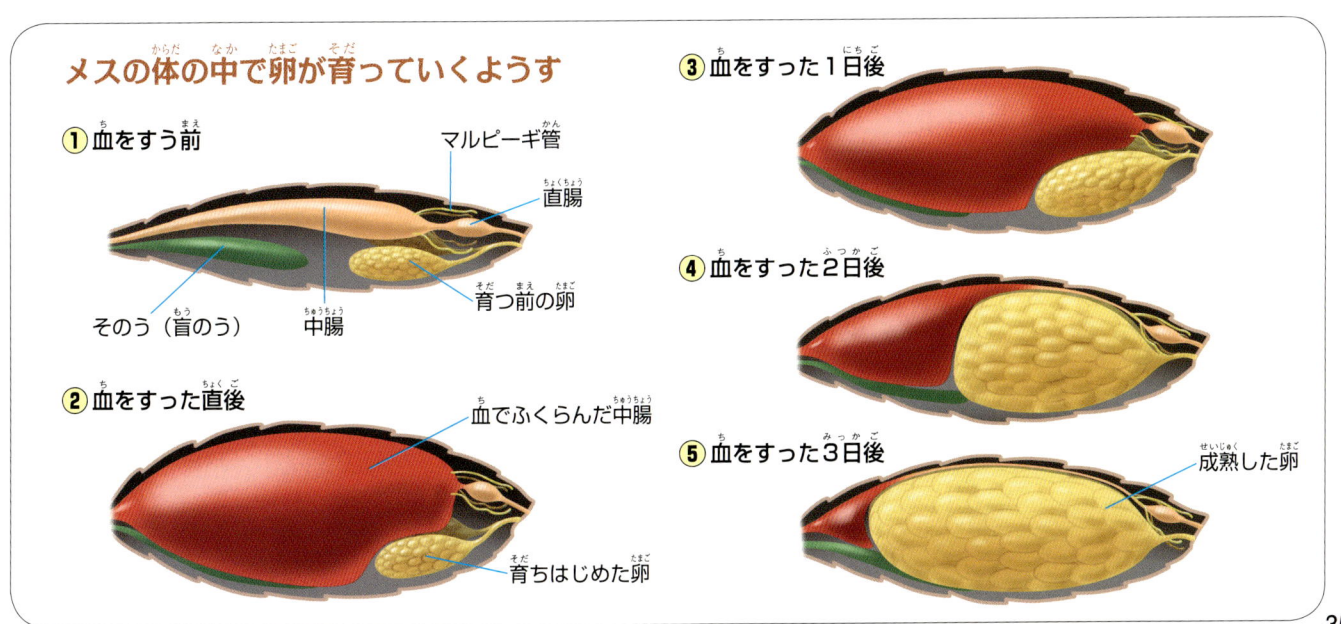

①血をすう前
- マルピーギ管
- 直腸
- 育つ前の卵
- そのう（盲のう）
- 中腸

②血をすった直後
- 血でふくらんだ中腸
- 育ちはじめた卵

③血をすった1日後

④血をすった2日後

⑤血をすった3日後
- 成熟した卵

● 水ぎわのしめっている場所に卵を産むヒトスジシマカのメス。100つぶほどの卵を、つぎつぎと産んでいきます。

水ぎわに卵を産む

体の中で卵がじゅうぶんに育つと、メスは幼虫がすみやすいような水たまりをさがし、その水面近くに卵を産みます。メスの体の中には、100つぶほどの卵が成熟しています。また、交尾をしたときにオスから受けとった精子も、体の中にためられています。卵は、産みだされるとちゅうに体の中で精子とむすびつき、受精します。

メスは1回産卵しても、すぐ死ぬことはありません。産卵をおえるとまた血をすって、卵を育てはじめます。こうして、1か月ほどして死ぬまでに、卵を数回産みます。

◁ タケの切り株の中にたまった雨水など、せまい水たまりに産卵します。

◁ 水ぎわの葉の上のヒトスジシマカの卵。長さ1mmほど。1つぶずつバラバラに、つぎつぎと産んでいきます。

◁ 水面で産卵するアカイエカのメス（左）。100〜200つぶの卵をひとかたまりにして産みます。卵のかたまり（卵舟）は水にうきます（下）。

■ 産みつけられたヒトスジシマカの卵。乾燥にも強く、まわりにしめり気がなくなって乾燥すると成長をとめて、ふたたび卵がしめるまで、1か月以上もそのままたえることができます。

卵がかえる

　卵は、しめった状態が保たれていれば1日から4日ほどで、中の幼虫がじゅうぶんに育ちます。育った幼虫は、頭で中から卵のからをおし、からをやぶって頭を出します。そして、体をくねらすようにして、からの外に泳ぎ出てきます。

　生まれたばかりの幼虫は、体長1.5ミリメートルほどです。卵のからをぬけ出すと、いったん水の底にむかって泳ぎ、それから水面近くまで上がってきます。そして、頭を下にして、腹の先を水面から出した姿勢でくらしはじめます。幼虫の体は、はじめはすきとおるような白ですが、だんだん色がついて、うす茶色になっていきます。

△ 産卵直後の卵は、白い色ですが、しばらくすると表面の色がかわり、黒くなっていきます。

1 ▲ ふ化する直前のヒトスジシマカの卵。左の卵から幼虫が生まれてきます。

2 ▲ 卵の先の方を幼虫が頭でおすと、からがわれて、幼虫の白い頭があらわれてきました。

3 ▲ 頭が出てきました。体をくねらして頭をふると、頭についていたからがはずれました。

4 ▲ 体をくねらすように卵からぬけ出ます。体はまだすきとおるような白で、眼の部分にだけ色がついています。

5 ▲ 体を大きくくねらせるように動かして、水中を移動していきます。ふ化は1分ほどで完了しました。

6 ▲ 生まれて数時間後の幼虫。体もかたくなり、頭も大きくふくらんでいます。

■ 水面から腹先の呼吸管を出しているヒトスジシマカの幼虫と水中を泳いでいる幼虫。

水面にぶら下がる

　カの幼虫は水の中でくらし、水の外に出ることはありません。ふだんは、頭を下にして、腹の先にある呼吸管を水面から出し、呼吸をしています。この姿勢で、口のまわりにたくさんはえている毛を動かして水の流れをつくり、流れに乗って運ばれてくる死んだ動植物のかけらやとても小さな生き物などをたべます。また、ヤブカは、水の底にたまった死んだ動植物のかけらもよくたべます。
　魚やアメンボなどの敵が近づくのを感じてにげたり、水の底で食事をするときには、ぼうのような体をくねらせて泳ぎます。このようすがぼうをふっているようにみえることから、カの幼虫を「ぼうふら」とか「ぼうふり」ともよびます。

▲ 先を水面から出しているときの呼吸管（左）と水面からみた呼吸管の先（円内）。水面では先がひらいていますが、先が水中に入っているとき（右）は、先がとじています。

▲ 水の底にあるかれた植物の破片をたべているヒトスジシマカの幼虫。たべるときには、口にあるひげ（口刷毛）のたばを動かして、口に入れます。

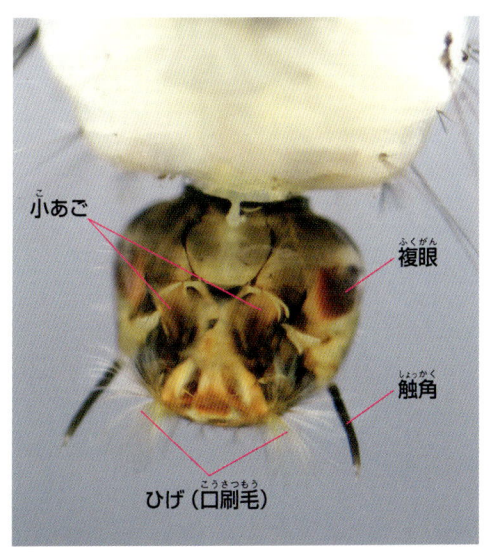

小あご　複眼　触角　ひげ（口刷毛）　ひげ（口刷毛）

◀ 頭部を腹側からみたところ。触角のあいだに、ひげ（口刷毛）のたばがあります。口刷毛をのばしたり（左）ちぢめたり（右）して水流をつくって、口に食べ物を運びます。

▲ メダカにたべられているヒトスジシマカの幼虫。メダカの口から呼吸管の部分が出ています。

▲ トンボの幼虫（ヤゴ）にたべられているヒトスジシマカのさなぎ（おにぼうふら）。

△最後の脱皮をはじめる前の幼虫（3齢幼虫）。水面に呼吸管の先を出した状態で、じっとしています。

△胸部の背中側の皮がさけて、そこから頭部を引きぬくように脱皮がはじまります。

皮をぬいで大きくなる

　ヤブカの幼虫は、生まれて1週間から10日ほどのあいだで、4倍ほどの大きさまで成長します。成長するときは、ほかの昆虫の幼虫と同じように、少し体が大きくなって体をつつんでいる皮がきつくなると、その皮をぬいで（脱皮して）新しい皮につつまれ、さらに大きく成長していきます。ヤブカの幼虫は、水中で生まれてから3回脱皮をすると、さなぎになる前の最後の段階の幼虫（終齢幼虫）になり、体長は6ミリメートルほどにまで育ちます。

△頭部につづいて胸部が完全に引きぬかれ、つづいて腹部が引きぬかれていきます。

3

▲ 頭部がほとんど引きぬかれ、胸部も前の方から皮をぬいでいきます。

4

▲ 頭部がすっかりぬけました。頭部をおおっていた皮は、腹側で胸部の皮とつながっています。

6

▲ 体をくねらすように動かしながら、脱皮が進んでいき、最後に呼吸管の部分が引きぬかれます。

7

▲ 脱皮をおえて、終齢幼虫になりました。右側にぬいだ皮がういています。30秒ほどのあいだに、脱皮が完了します。

さなぎになる

　終齢幼虫は、脱皮をおえて2日ほどすると、ふたたび水面に呼吸管を出した状態で、あまり動かなくなります。そして、もう1回脱皮をして、さなぎになります。

　脱皮のしかたは、幼虫のときの脱皮とほとんどかわりません。しかし、脱皮をおえてあらわれたさなぎは、幼虫とはちがったすがたをしていて、背中を上にして体をまるめた姿勢で、水面のすぐ下にじっとしています。

　ヤブカのさなぎは頭部と胸部が大きく、胸部の前方の背中側から、2本の呼吸管がつき出ています。この先を水面から出して呼吸をします。この呼吸管がおにの角のようにみえるので、「おにぼうふら」ともよばれます。

▲ 呼吸管を水面に出してじっとしている終齢幼虫。

▲ 胸部の背中側の皮がさけて、呼吸管のあるさなぎの胸部があらわれてきます。

▲ さなぎの頭部がすっかりあらわれ、幼虫の頭部の皮が腹側についています。

▲ 幼虫の皮から腹部を引きぬいていきます。まだ、腹先は水面に出ています。

▲ 腹先の部分を引きぬく前に、さなぎの胸部の呼吸管の先を水面に出します。

▲ 幼虫の皮から、呼吸管の先まですっかり引きぬきます。

■ 幼虫の皮（左）をぬいで、さなぎになったヒトスジシマカ（右）。⬅が呼吸管です。さなぎはふだんはこの姿勢でじっとしていますが、危険を感じた場合は、腹部を動かして泳ぎ、水の底ににげることもあります。

🔺水面からみたさなぎの呼吸管と、水中で横からみたさなぎの呼吸管（円内）。

🔺水中で正面からみたさなぎ。腹先にひれのような部分（尾葉）があり、腹を上下にふって泳ぐことができます。

▲ヒトスジシマカの羽化のようす。水面のすぐ下で体をのばしたさなぎから、のび上がるように水面に出てきます。羽化した成虫の体はとてもかるいので、あしで水面に立つことができ、しずんでおぼれることはほとんどありません。

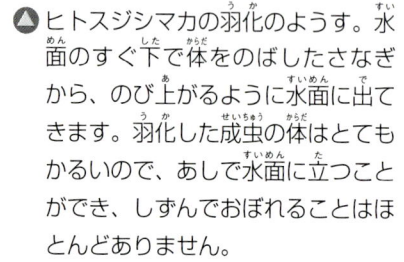

さなぎからカになる

　さなぎになって2日くらいたつと、はじめは白っぽかったさなぎの色がだんだん黒っぽくなってきます。さなぎの皮をとおして、成虫の眼や口、あしなどができていくのがみえてきます。そして、成虫になる準備ができると、まるめたような姿勢をとっていた体を、まっすぐにのばします。

　しばらくすると、さなぎの胸部の背中の皮がさけ、成虫の胸部が水面に出てきます。羽化のはじまりです。胸部につづいて頭部があらわれ、成虫の体が水面にのび上がるように出てきます。腹部があらわれ、はねやしまわれていた長いあしが出てくると、成虫はあしをふんばって水面に立ち、腹の先をさなぎの皮から引きぬきます。そして、腹先からよぶんな水分を水玉にしてすて、そのまま30分間ほど、体がかたくなるのをじっとまちます。

| 4 | 5 | 6 |
| 10 | 11 | 12 |

15

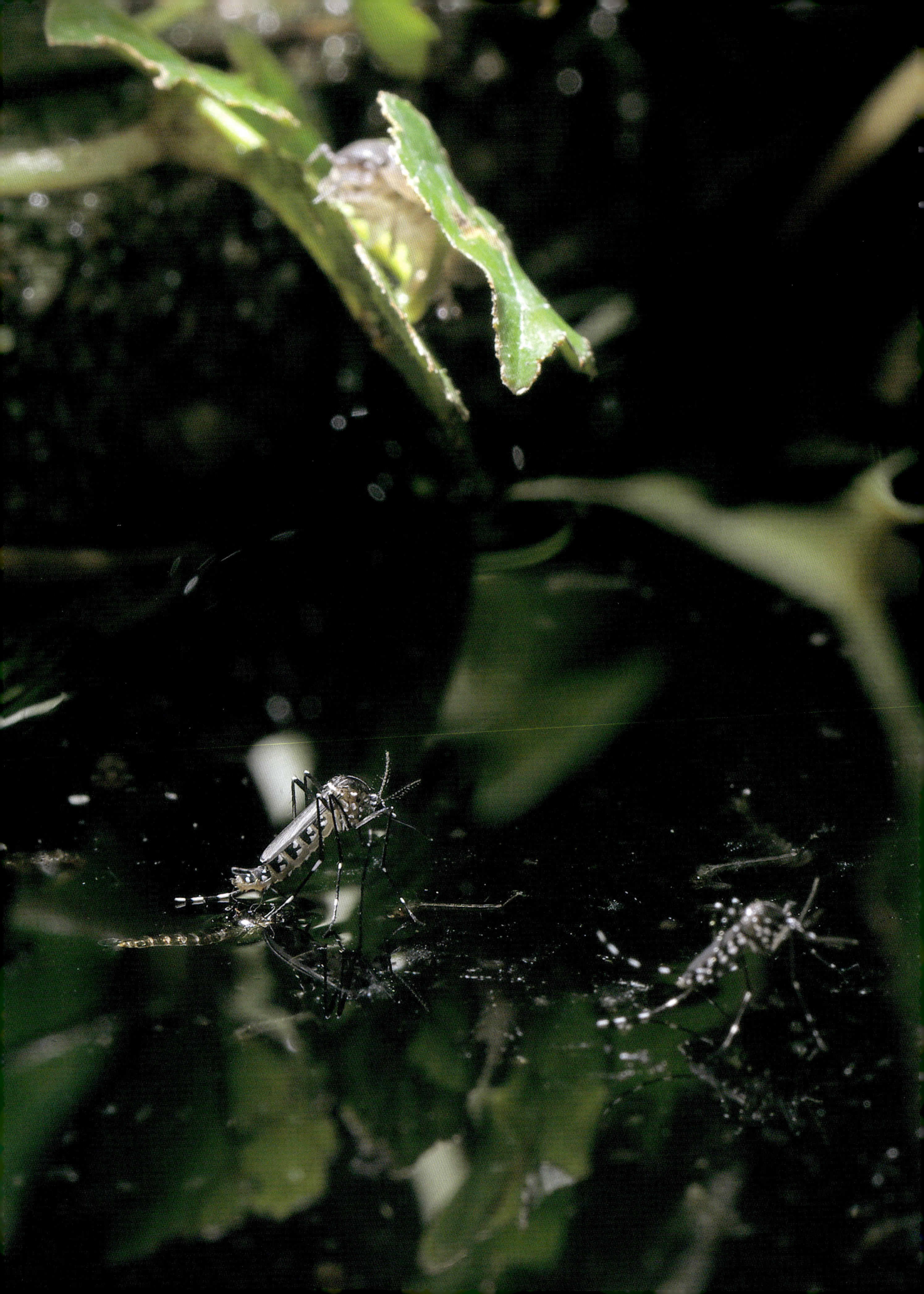

飛びたつ成虫

　体がかたくなり、飛べるようになった成虫は、はねを羽ばたかせて、水面から飛びたちます。そして、近くの安全な場所にとまると、そこでしばらく休みます。
　羽化したあとは、オスもメスも、花のみつなどをすって栄養をとります。2日ほどこのようにくらし、体が十分に育つと、交尾ができるようになります。オスは、人や動物の近くに飛んでいき、メスがやってくるのをまちます。

◀水面から飛びたとうとするヒトスジシマカの成虫。飛びたったあとは、強い日ざしや、雨、風があたらない場所にとまって、しばらく休みます。

冬に飛んでいる力もいる

　ヒトスジシマカは、秋のおわりに卵を産むと、成虫は死んでしまい、卵で冬をこして、4月の終わりごろにふ化します。ところが、アカイエカやチカイエカは、成虫のすがたで冬をこします。アカイエカは、ほらあななどでじっとして冬をこしますが、ビルの中などあたたかい場所にすむチカイエカは、冬も飛びまわっていて、人や動物の血をすいます。

◀ヒトスジシマカの卵。雪が積もった水辺で春をまっています。

▲冬でも地下鉄の駅やビルの地下室などでみられるチカイエカの成虫。

▲冬のチカイエカ。

みてみよう やってみよう

カをさがそう

　カは、種類ごとにすんでいる場所や、産卵する場所がちがっています。ヤブカのなかまは、庭や公園、墓場、竹林などのたまり水に幼虫がすんでいます。成虫はそのまわりで多くみられ、あけ放した家の中にも入ってきます。なかには、幼虫が海岸の岩にたまった水にすんでいる種類もあります。

　これに対して、アカイエカなどのイエカのなかまは、家や建物の中やまわり、田んぼなどで多くみられます。また、ハマダラカのなかまは、田んぼや池、川岸の湿地、側溝などのまわりで多くみられます。さらに、トワダオオカのように、山地の林やほらあなの中などにすんでいる種類もいます。

ヤブカがすんでいそうな場所

▲公園や庭の魚がすんでいない池のまわり。

▲古いタイヤなどにたまった雨水の中。

▲バケツやおけにたまった水の中。

▲切ったタケにたまった水の中。

▲墓石などにたまった水の中。

※カの幼虫やさなぎ、成虫をさがしにいくときは、虫よけの薬をぬったり、はだがあまり出ないさされにくい服装で、観察しましょう。また、あまり

●いろいろなカのいる場所

いろいろなカの幼虫やさなぎが多くみられる場所です。家のまわりなどでもさがしてみましょう。

△ 山の林の木のあなにたまった水の中には、トワダオオカやヤマトヤブカなどの幼虫やさなぎがいます。

▽ 田んぼやぬまなどのまわり、川岸などでは、シナハマダラカやコガタアカイエカなどの幼虫やさなぎがいます。

△ お墓や竹やぶ、空きカンや古タイヤなどにたまった小さな水たまりには、ヒトスジシマカやヤマトヤブカの幼虫やさなぎがいます。

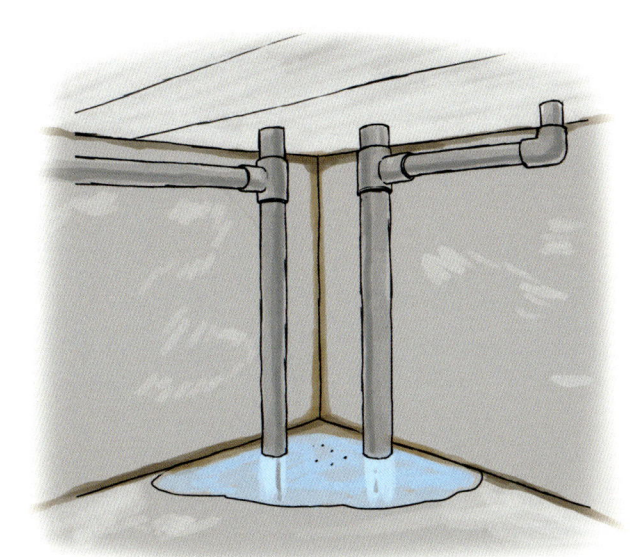

△ ビルの排水槽や地下にたまった水の中には、チカイエカの幼虫やさなぎがいます。

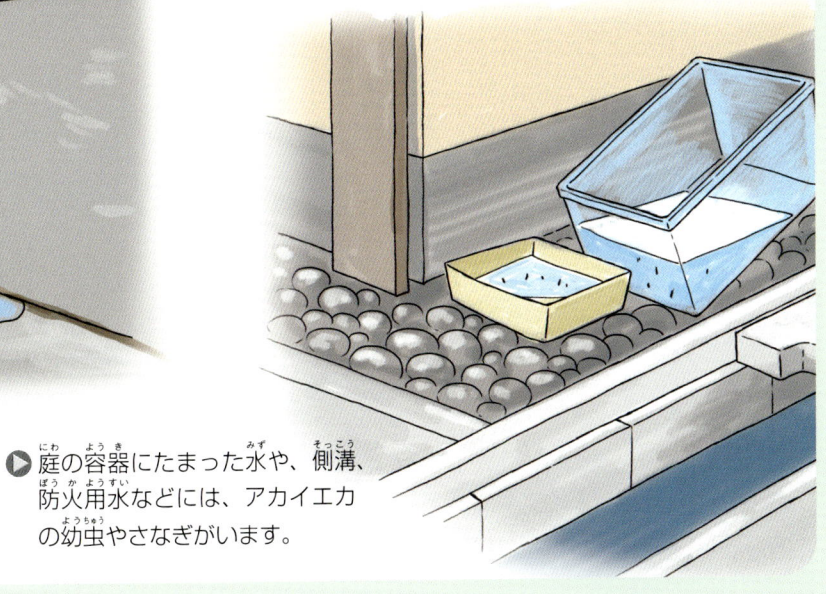

▷ 庭の容器にたまった水や、側溝、防火用水などには、アカイエカの幼虫やさなぎがいます。

人がいない場所やお墓や竹やぶに行くときは、おとなの人といっしょに行くようにしましょう。

みてみよう やってみよう
ぼうふらを調べてみよう

カは、2〜3週間ほどで卵から成虫にまで成長します。あまり手をかけずに育てることができるので、飼育して観察すれば、どのように育って成虫にまでなるかを調べることができます。幼虫（ぼうふら）やさなぎ（おにぼうふら）は、家のまわりをさがせば、かんたんにみつけることができます。また、幼虫やさなぎがいる場所のまわりをさがし、卵もみつけてみましょう。飼育するときには、成虫がにげないように注意しましょう。

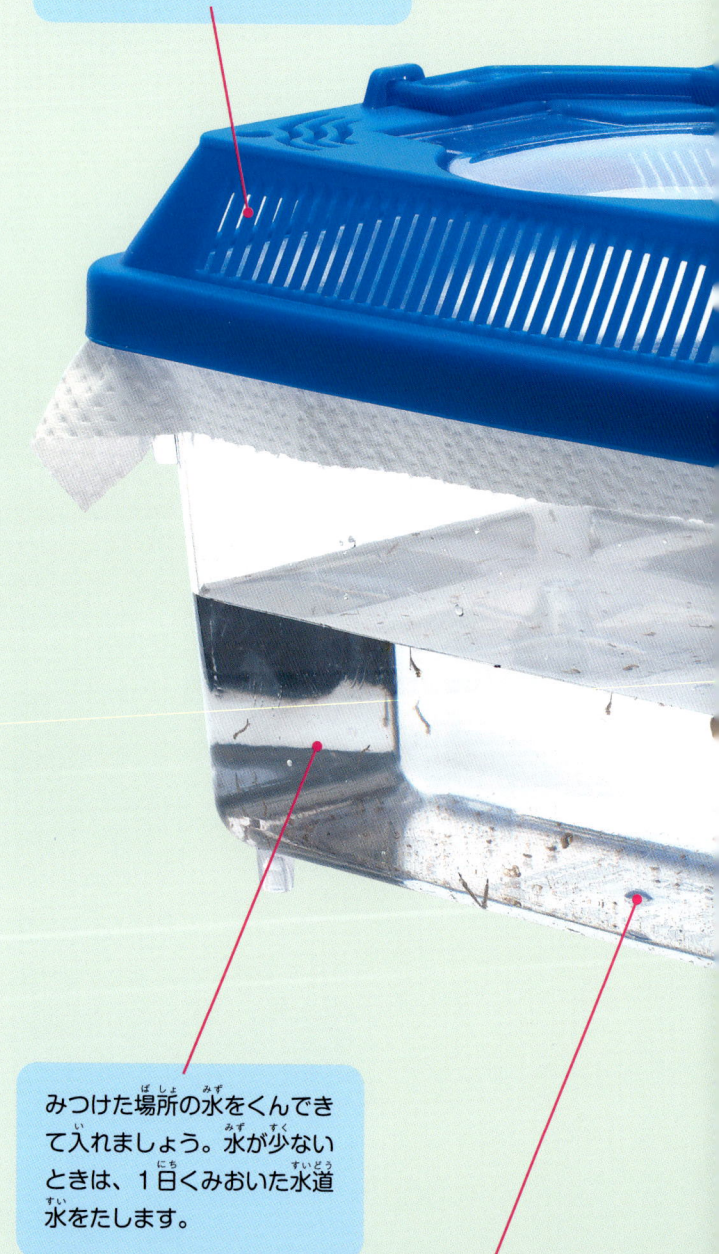

直接日があたらず、風とおしがよい、うすぐらい場所で飼いましょう。

長い方のはば20㎝くらいの小さな飼育ケースで、幼虫を20〜50ぴきくらい飼いましょう。

みつけた場所の水をくんできて入れましょう。水が少ないときは、1日くみおいた水道水をたします。

死んだものや、脱皮した皮は、スポイトなどを使って、取りのぞきましょう。

つかまえ方と持ち帰り方

卵や幼虫、さなぎをみつけたら、その場所の水ごと容器ですくうのがかんたんです。スポイトで水をうつし、熱帯魚用のあみで幼虫やさなぎをすくうと、ごみなどが入らずに、観察しやすい状態でもちかえれます。

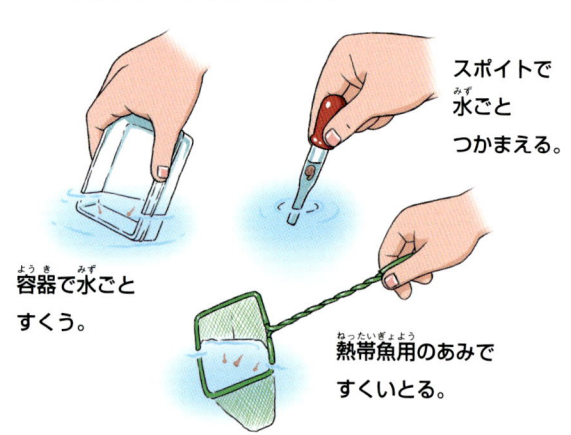

容器で水ごとすくう。

スポイトで水ごとつかまえる。

熱帯魚用のあみですくいとる。

ペットボトルを利用した飼い方

キッチンペーパーを輪ゴムでとめる。

ペットボトルをまん中くらいで切る。

気がつかないうちに成虫になって、にげてしまわないように、幼虫のときからキッチンペーパーなどでおおい、しっかりふたをしましょう。

幼虫のえさ

幼虫はすんでいた場所の水の中にいる生き物やかれた植物のかけらなどをたべますが、えさが不足することが多いので、メダカ用のえさをひとつまみ入れてやりましょう。メダカのえさもたべますし、たべのこした分で水の中の生き物をふやすこともできます。

動き方を観察しよう

▲虫めがねやルーペを使って、幼虫やさなぎの動きを観察してみましょう。

みてみよう やってみよう

カの体を調べよう

カの体は小さく、肉眼では細かい部分まではよくみえません。虫めがねや実体顕微鏡*を使って、細かい部分まで観察してみましょう。肉眼ではわからない、おどろくような体のつくりをみることができます。

△オスの触角。メスにくらべると、毛が長く、数もたくさんはえています。

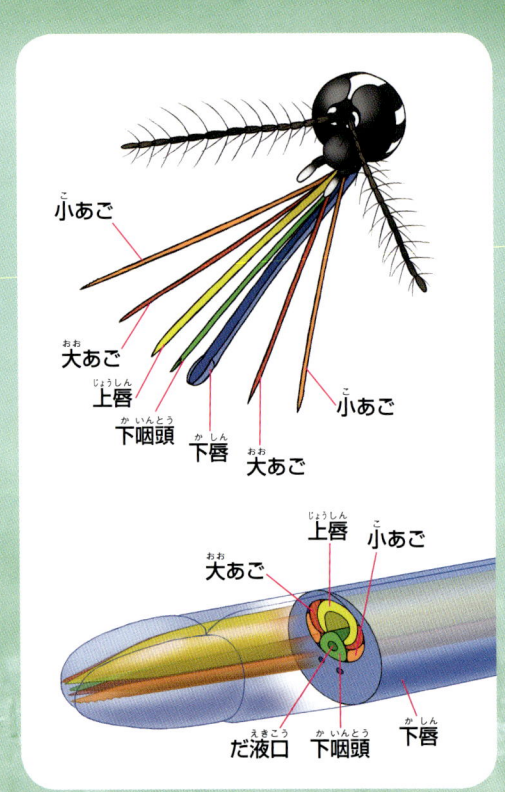

触角
胸部
頭部
小あごひげ（触肢）
口
眼（複眼）
中あし
前あし

△口は1本のぼうのようにみえますが、下のイラストのように、上唇と下唇が針（刺針）をつつんでいます。針は、大あごや小あごなどいくつかの部分がくみあわさり、管のようなつくりになっています。

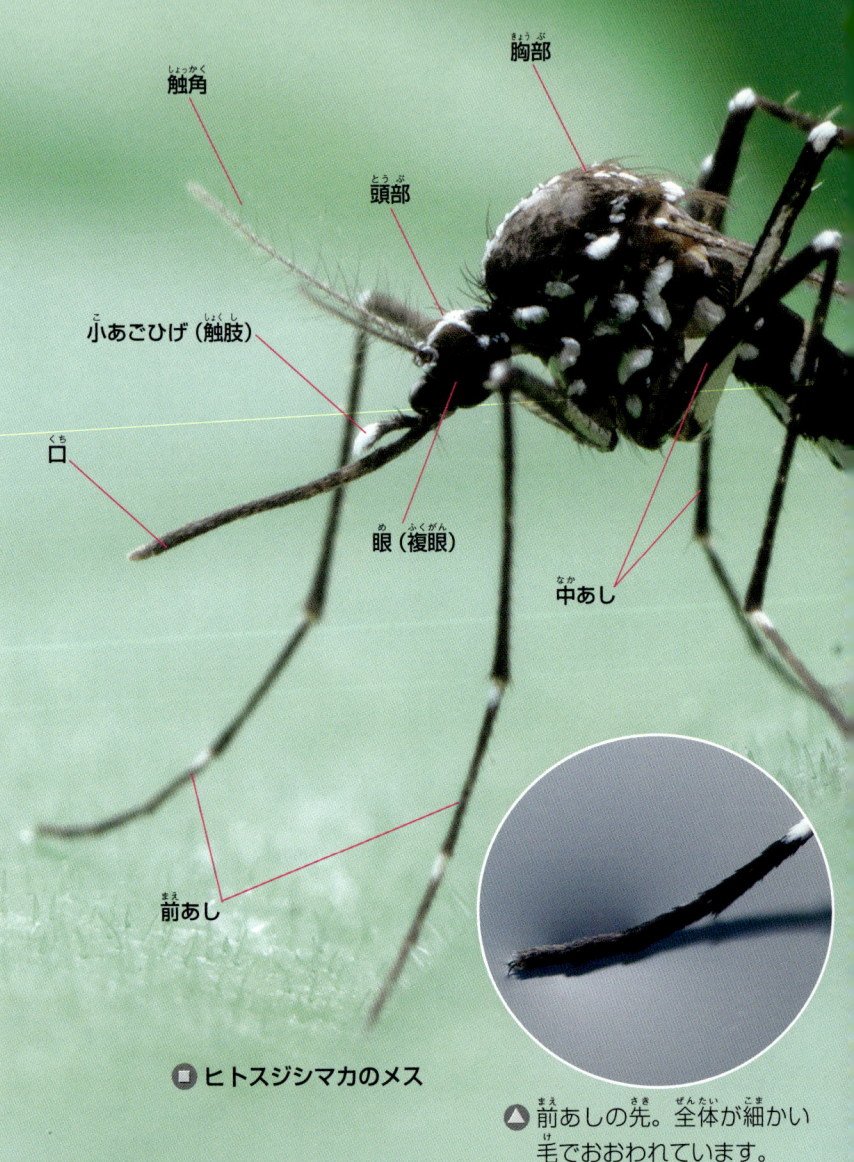

（イラストのラベル：小あご、大あご、上唇、下咽頭、下唇、大あご、小あご、上唇、大あご、小あご、だ液口、下咽頭、下唇）

■ヒトスジシマカのメス

△前あしの先。全体が細かい毛でおおわれています。

54
*実体顕微鏡は、物を切片にせずに、そのまま観察するのに使う顕微鏡で、生物の体の観察や解剖などの際に使われます。ほとんど動かないものは

後ろあし

前ばね

腹部

▲ 前ばね。はねのふちと脈には毛がはえ、表面はうろこのようなこな（りん片）でおおわれています。

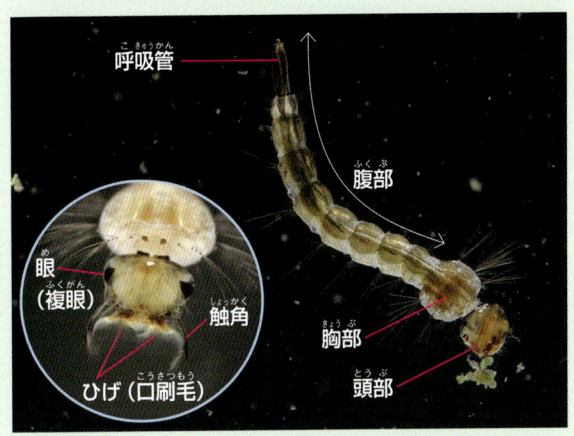

平均棍

▲ 短いぼうのような形の後ろばね（平均棍）を、前ばねといっしょに動かし、飛ぶときにバランスをとります。

呼吸管
腹部
眼（複眼）
触角
ひげ（口刷毛）
胸部
頭部

▲ 幼虫（ぼうふら）。頭部が大きく、頭部の左右に大きな複眼をもっています。腹先に呼吸管があります。

▲ 複眼。顔の前側をおおうように、大きな複眼があります。複眼はあまり光を反射しない構造で、黒く、めだたないようになっています。

腹部
頭胸部
尾葉
呼吸管

◀ さなぎ（おにぼうふら）。頭胸部がとても大きく、胸部の背中側に呼吸管が2本あります。腹先にはひれのような尾葉があります。

生きているものもみられますが、ふつうは死んだものや動けなくしたものを観察します。

みてみよう　やってみよう

カをよびよせてみよう

　カのメスは、はく息や、あせのにおい、体温などを感じて人や動物をみつけ、血をすいにやってくるといわれています。

　カのメスがほんとうに、はく息や体温を手がかりにしてあつまってくるかどうか、かんたんな実験をして、たしかめてみましょう。

● はく息にやってくる？

　カがいる場所に、ドライアイス*（こおった二酸化炭素）をおいてみましょう。ドライアイスだけをおいたときと、ドライアイスの下に使いすてカイロをおいてあたたかくしたときと、どちらに多くカがあつまってくるかを調べてみましょう。

　二酸化炭素は空気よりも重いので、風などがふかなければ、ドライアイスのある場所の近くにとどまります。風があたらない場所をつくって実験しましょう。

① 発泡スチロールの板を２まい用意し、あいだをあけてならべます。

② 発泡スチロールの板に布をおき、片方にドライアイスをおきます。

③ もう片方にあたたかい使いすてカイロとドライアイスをおきます。

④ 右側の布をたたんで、使いすてカイロとドライアイスをつつみます。

*ドライアイスはとても冷たいので、手やはだにつくと凍傷になってきけんです。使うときは、かならずおとなの人にとりあつかってもらいましょう。

🔺 ドライアイスだけの方（左）と、使いすてカイロとドライアイスの組み合わせた方（右）のどちらに力があつまるかを調べます。

実験の結果

🔺 ドライアイスだけの方は、二酸化炭素はあります。冷たいため、力はほとんどあつまりません。

🔺 使いすてカイロとドライアイスの方は、二酸化炭素があってあたたかいため、たくさんの力があつまります。

みてみよう やってみよう
病気を運ぶ蚊

　蚊は、日本脳炎やマラリア、西ナイル熱、デング熱など、人や動物の病気を運んでひろめる原因になることがあります。これらの病気は、蚊が病気の動物や人から血をすうとき、病原菌やウィルスが蚊の体の中に入り、そのあとに血をすった動物や人の体にうつり、ひろがっていきます。

　毎年、世界各地でたくさんの人がこれらの病気にかかり、いのちを落とす人もいます。そのため、蚊の数をへらしたり、蚊にさされないくふうをしたり、病気の予防注射をして、被害をふせぐ努力がつづけられています。

病気を運ぶしくみ

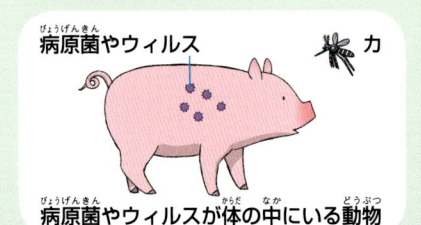

① 病原菌やウィルスをもっている動物の血を蚊がすう。

② 病原菌やウィルスが動物の血といっしょに、蚊の体の中に入る。

③ べつの動物や人の血をすうときに、病原菌やウィルスが移動する。

④ 血をすわれた動物や人の体の中で病原菌やウィルスがふえると、病気になる。

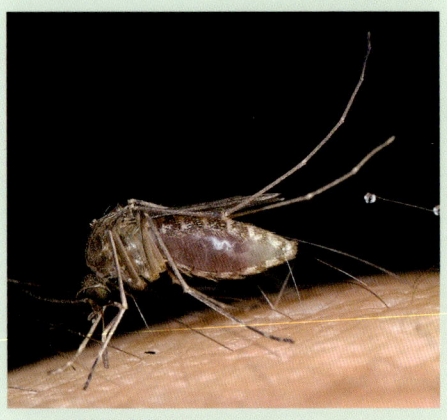

▲人の血をすっているコガタアカイエカ。日本脳炎の原因となるウィルスをもったブタの血をすった蚊が人の血をすい、人に日本脳炎をうつすことがあります。ウィルスが人の体に入っても、多くの場合は体の中でふえることはなく、病気にはなりません。

蚊が運ぶ人の病気
(東京都健康安全研究センター(2013)より)

病気の名前	病気を運ぶ蚊の種類	おもな地域	症状
マラリア	シナハマダラカなど	東南アジア、アフリカ、中南米など	発熱、悪寒、だるさ、頭痛、筋肉痛、関節痛
日本脳炎	コガタアカイエカ	日本、東アジアから南アジア	発熱、頭痛、はき気、嘔吐、めまい、意識障害
デング熱	ネッタイシマカ、ヒトスジシマカなど	東南アジアから南アジア、中南米、カリブ海の島々	発熱ではじまり、頭痛、眼窩痛、筋肉痛、関節痛
西ナイル熱	アカイエカ、チカイエカ、ヒトスジシマカなど	アフリカ、ヨーロッパ、中東、中央アジア、西アジア、アメリカ合衆国など	発熱、頭痛、背部痛、筋肉痛、筋力低下、食欲不振、発しん
チクングニア熱	ネッタイシマカ、ヒトスジシマカなど	アフリカ、南アジアから東南アジア	急性の発熱と関節痛、発しん

●北にすみ場所をひろげる

ヒトスジシマカは、沖縄から東北地方の各地でみられるヤブカです。しかし、もともとは日本の寒い地域にはすんでいませんでした。気候が温暖化するにしたがって、関東地方から北の地域にすみ場所をひろげ、今では青森県でもみられるようになりました。2035年には本州の北のはし、2100年には北海道まで、すみ場所をひろげるだろうと予測されています。

ヒトスジシマカの分布の変化

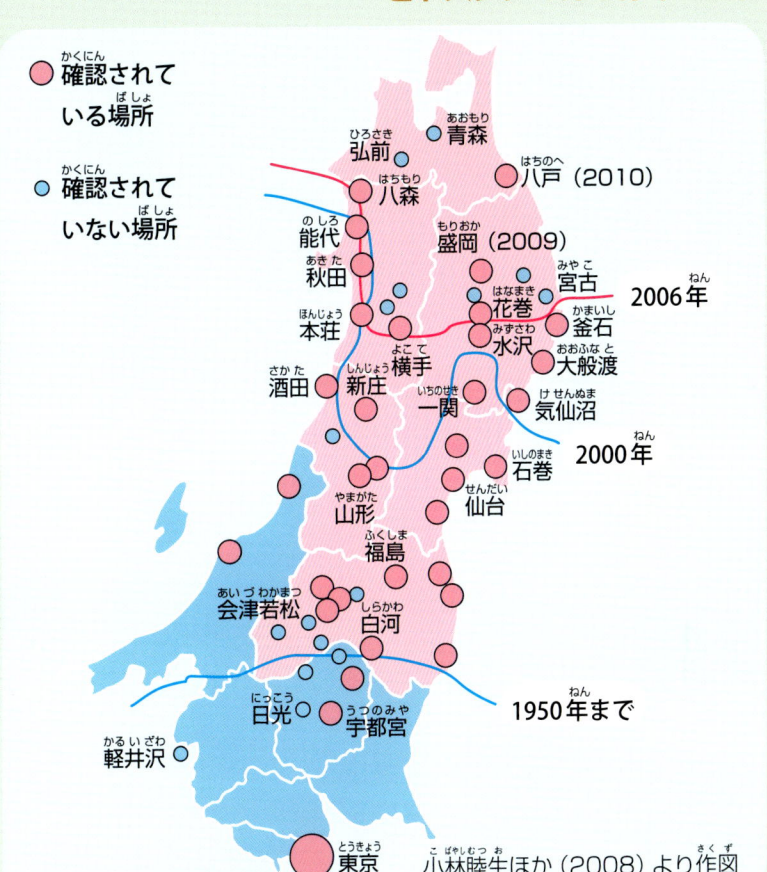

- ● 確認されている場所
- ● 確認されていない場所

青森、弘前、八森、八戸(2010)、能代、秋田、本荘、盛岡(2009)、花巻、宮古、水沢、釜石、大船渡、酒田、新庄、横手、一関、気仙沼、石巻、山形、仙台、福島、会津若松、白河、軽井沢、日光、宇都宮、東京

2006年、2000年、1950年まで

小林睦生ほか(2008)より作図

●カをふせぐ

カにさされないようにするためには、いろいろな方法があります。たとえば蚊帳、網戸でカが近づくのをふせいだり、殺虫剤や蚊取り線香でカをころす方法です。また、カの幼虫が育つ水たまりをなくすようにしたり、カの幼虫が育つ場所でメダカなどの魚を飼い、幼虫をたべさせるようにするなどの方法もあります。

▲蚊取り線香。近くにいるカをけむりにふくまれる成分でころしたり、遠ざけたりします。

▲蚊帳。目の細かいあみをはって、中にカが入ってこられないようにします。

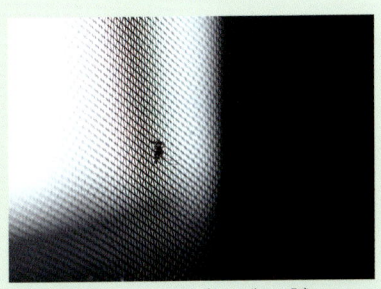

▲あみ戸。まどや戸に目の細かいあみ戸をとりつけ、部屋の中にカが入れないようにします。

▲魚を飼う。カの幼虫がすむような場所で魚を飼い、幼虫をたべさせるようにします。

かがやくいのち図鑑
カのなかま

日本には100種類以上のカがいます。そのうち、わたしたちの身近でよくみられる代表的なカを紹介します。

アカイエカ　イエカ属　体長5.5mmほど
北海道から九州にすみ、人家のまわりでよくみられます。おもに夜に活動し、メスが人の血をよくすいます。

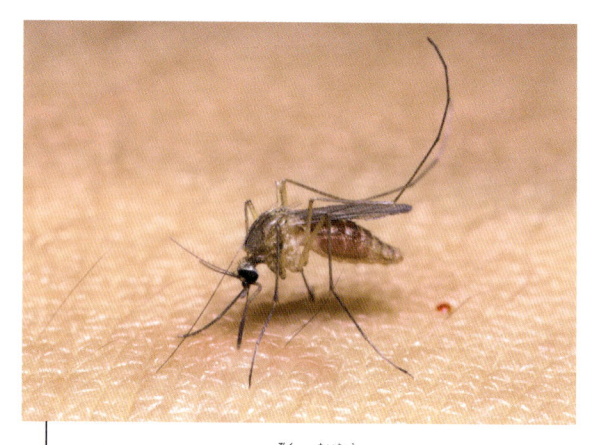

チカイエカ　イエカ属　体長5.5mmほど
アカイエカの亜種で、すがたはとてもよくにています。1950年代から日本でみられるようになった外来生物で、各地の都市部のビルやマンションのトイレや地下、地下鉄のトンネルの中でみられます。成虫で冬をこし、あたたかい場所ならば冬も活動し、メスが血をすい、産卵します。

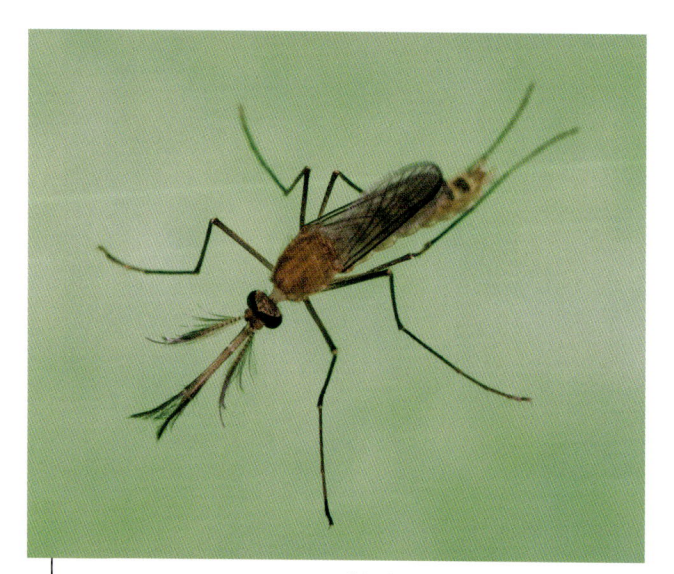

コガタアカイエカ　イエカ属　体長4.5mmほど
アカイエカににていますが、やや小さく、あしの節の部分が白くなっています。日本各地にすみ、田んぼやそのまわりでみられます。夜間に活動し、メスが人や家畜の血をすいます。

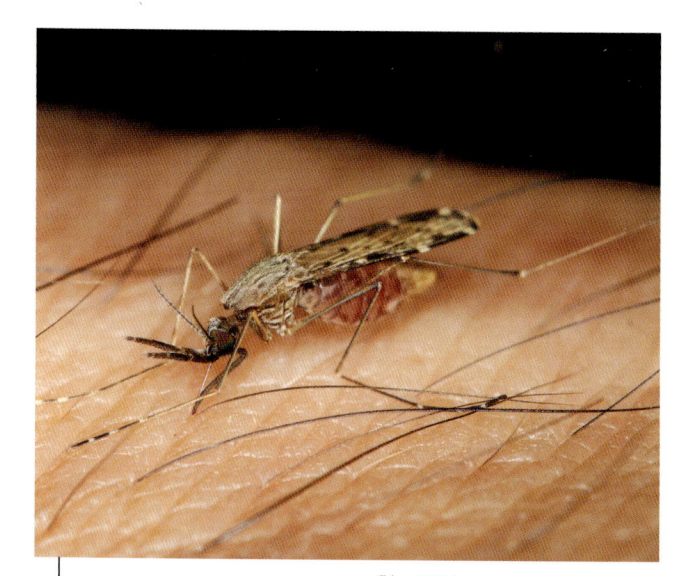

シナハマダラカ　ハマダラカ属　体長5.5mmほど
日本全国にすみ、田んぼや池、川などのまわりでよくみられます。成虫で冬をこしますが、冬はじっとしていて、活動しません。夜に活動し、メスが大型の家畜や人の血をすいます。

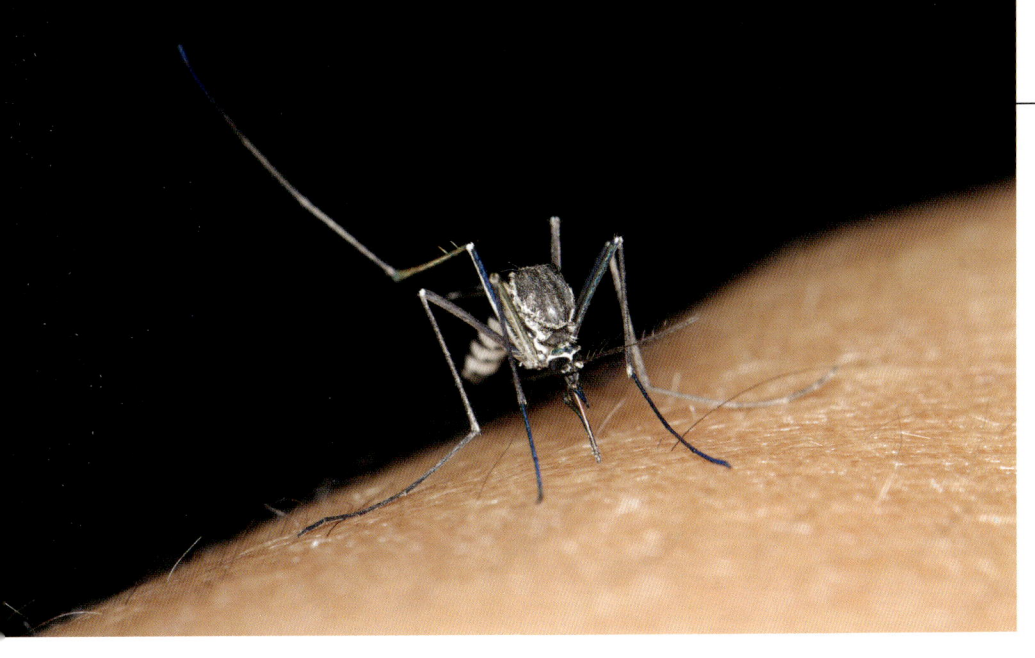

オオクロヤブカ
クロヤブカ属　体長7.5mmほど
本州から沖縄にすみ、こえだめや家畜小屋などのまわりでよくみられます。大型のカで、夕方に活動して、メスが家畜や人の血をすいます。幼虫で冬をこします。

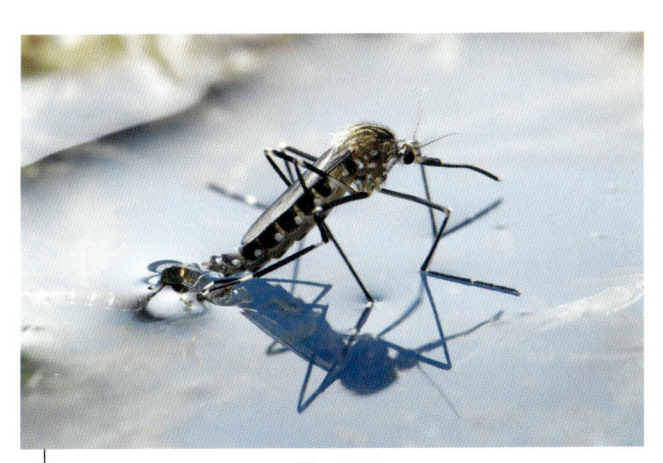

ヤマトヤブカ　ヤブカ属　体長5.5mmほど
日本各地にすみ、林やそのまわりで多くみられます。昼間に活動し、メスが動物や人の血をすいます。成虫は夏から秋にみられ、幼虫で冬をこします。

ヒトスジシマカ　ヤブカ属　体長4.5mm
東北地方北部より南にすみ、庭や公園の植えこみ、竹やぶ、墓地などでみられます。昼間に活動し、メスが動物や人の血をすいます。成虫は初夏から秋にみられ、卵で冬をこします。

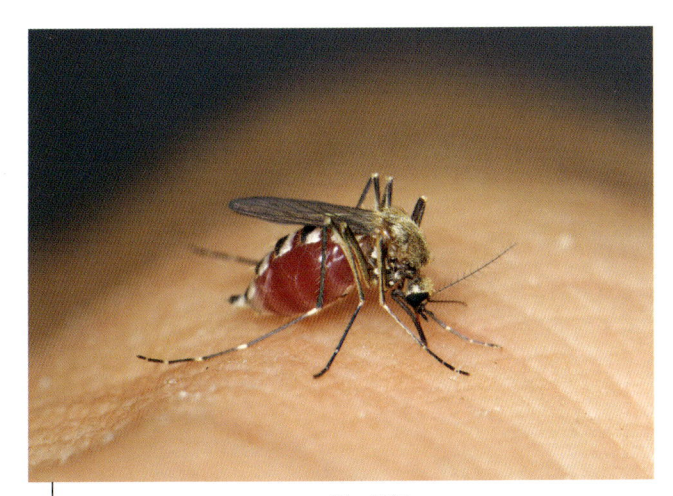

キンイロヤブカ　ヤブカ属　体長6mmほど
日本各地にすみますが、北海道や東北地方など寒い地域で多くみられます。田んぼや山地の林などで多くみられ、昼間に活動し、メスが大型の家畜や人の血をすいます。卵で冬をこします。

トワダオオカ　オオカ属　体長10〜13mm
大型のカで、北海道から九州の各地にすみ、山地の林などで多くみられます。昼間に活動し、花のみつなどをすいます。血をすうことはありません。

さくいん

あ
アカイエカ　4, 33, 37, 49, 50, 51, 58, 60
アカウシアブ　26, 27
アカムシ　20
アカムシユスリカ　21
アシナガバエ　26
アシブトハナアブ　29
アシマダラブユ　21
アシマダラユスリカのなかま　20
アブ　16, 18, 20, 24, 26, 27
アブラコウモリ　17
アメリカミズアブ　27
アレルギー反応　9, 21
イヨシロオビアブ　26, 27
羽化（うか）　28, 29, 31, 32, 46, 49, 63
ウスイロアシブトケバエ　24
オオクロヤブカ　61
オオチョウバエ　24, 25
オオハナアブ　29
オドリバエ　26, 27
おにぼうふら　41, 44, 52, 55

か
カ亜目（あもく）　20, 22, 24
カ下目（かもく）　20
ガガンボ下目（かもく）　22
蚊取り線香（かとりせんこう）　16, 59
蚊柱（かばしら）　20, 21, 33
キアシオオブユ　21
キイロショウジョウバエ　28
キノコバエ　24, 25
キリウジガガンボ　22, 23
キンアリスアブ　29
キンイロヤブカ　61
クシヒゲガガンボのなかま　18
クチナガガガンボのなかま　23
クモガタガガンボのなかま　23
グロウワーム　25
ケバエ下目（かもく）　24
ケブカハチモドキアブ　29

さ
小あごひげ　10, 54
口刷毛（こうさつもう）　41, 55
交尾（こうび）　20, 25, 27, 28, 29, 30, 31, 32, 33, 34, 37, 49
コガネオオハリバエ　28
呼吸管（こきゅうかん）　40, 41, 42, 43, 44, 45, 55, 63

さ
さなぎ　26, 28, 31, 41, 42, 44, 45, 46, 51, 52, 53, 55, 63
シオヤアブ　26
シナハマダラカ　51, 58, 60
受精（じゅせい）　37
触肢（しょくし）　10, 54
触角（しょっかく）　10, 33, 41, 54, 55
ジョロウグモ　17
ジョンストン器官（きかん）　33
セスジユスリカ　21
センチニクバエ　29
そのう　9, 11, 35

た
だ液腺（えきせん）　9
卵（たまご）　10, 28, 29, 31, 32, 34, 35, 36, 37, 38, 39, 49, 52, 61, 63
チカイエカ　4, 49, 51, 58, 60
中腸（ちゅうちょう）　9, 35
チョウバエ下目（かもく）　24
使いすてカイロ　56, 57
ツバメ　17
ドライアイス　56, 57
トワダオオカ　50, 51, 60

な
二酸化炭素（にさんかたんそ）　14, 56, 57
ネウスオドリバエ　27
ノシメトンボ　16

は
ハエ亜目（あもく）　20, 26
ハエ目（もく）　18, 20, 26
羽音（はおと）　33
ハネモンアブ　27

羽ばたき ---------- 12	ホシチョウバエ ---------- 24
針 ---------- 6,8,9,10,15,21,22,54	**ま**
ハルノオドリバエ ---------- 27	前ばね ---------- 13,55
ヒカリキノコバエ ---------- 25	マダラアシナガバエ ---------- 27
ヒメガガンボのなかま ---------- 23	ミナミカマバエ ---------- 28
ヒメヒラタアブのなかま ---------- 29	毛細血管 ---------- 6,8
ビロウドツリアブ ---------- 26,27	盲のう ---------- 9,11,35
ヒロズキンバエ ---------- 29	**や**
ふ化 ---------- 29,31,39,49,63	ヤマトヤブカ ---------- 4,35,51,61
複眼 ---------- 16,24,41,54,55	ユウレイガガンボのなかま ---------- 23
ブユ ---------- 20,21	ユスリカ ---------- 20,25,27
平均棍 ---------- 13,55	**ら**
ベッコウガガンボ ---------- 22,23	卵巣 ---------- 9
ぼうふら ---------- 40,52,55	

この本で使っていることばの意味

羽化 昆虫が成虫になること。カやハエ、チョウやガ、カブトムシやクワガタムシ、ハチなどでは、さなぎのから（皮）から成虫が出てくることをいいます。セミやカメムシ、トンボ、バッタなど、さなぎの時期がない昆虫では、最後の脱皮を終えた幼虫（終齢幼虫）から成虫が出てくることをいいます。カでは水面のすぐ下で羽化がはじまり、さなぎの胸部の背中側から、成虫がのび上がるように水面にあらわれ、水面で羽化が完了します。

さなぎ カやハエ、チョウやガ、カブトムシやクワガタムシ、ハチなどの昆虫でみられる、幼虫から成虫になるあいだにみられる状態。これらの昆虫では、幼虫と成虫の体の形やしくみが大きくちがっています。ですから、いったん幼虫の体をこわし、成虫の体につくりかえる必要があります。さなぎは、成虫の体を入れるための型のようなもので、どろどろになった幼虫の体がその型に入れられ、そこに成虫の体がつくられていきます。さなぎの期間に衝撃や振動を受けると、成虫の体をつくるしくみがくるってしまい、成虫になれないことがあります。多くの昆虫のさなぎはあまり動きませんが、カのなかまのさなぎは腹部がよく動き、きけんを感じた場合などには、腹部を上下にふるようにして泳ぎ、水中にもぐることができます。

終齢幼虫 幼虫が脱皮をくりかえし、それ以上脱皮をしなくなった段階の幼虫のこと。卵からふ化した幼虫を1齢幼虫、1回脱皮した幼虫を2齢幼虫と数えます。カではふつう、4齢幼虫が終齢幼虫です。カやハエ、チョウやガ、カブトムシなどの甲虫、ハチなどの昆虫では、終齢幼虫からさなぎになり、さなぎから成虫が羽化します。

脱皮 外骨格をもつ動物が、成長するために全身の古いから（皮）をぬぎすて、新しいから（皮）を身にまとうようになること。古いから（皮）の下にできた新しいから（皮）は、最初はやわらかいので、脱皮をした直後にのびて、体が大きくなることができます。昆虫は幼虫のときに数回脱皮をし、成虫になると脱皮しなくなります。カは、幼虫のときに3回脱皮をして、そのつぎの脱皮ではさなぎになります。

ふ化 卵がかえって、幼虫や子が出てくること。カではメスが産んだ卵は、ふつう1日から4日ほどでふ化します。卵で冬をこす種類では、秋になって気温が下がってくると寒さに強い卵（越冬卵）を産むようになり、卵は産みだされたあとに成長をとめ、初夏になって気温が上がると成長をはじめてふ化します。

蛹化 最後の脱皮を終えた幼虫（終齢幼虫）が脱皮をしてさなぎになること。幼虫からさなぎになる直前には、幼虫がじっとしてほとんど動かなくなる状態になります。幼虫の体の中でさなぎになるための準備がおこなわれるためです。このような状態の幼虫を前蛹といいます。カでは、幼虫は頭を下にして呼吸管を水面から出した状態で脱皮をし、さなぎになるとすぐに胸部の背中側にある呼吸管を水面に出し、呼吸をはじめます。

NDC 486
高嶋清明
科学のアルバム・かがやくいのち 18
カ
ヤブカの一生
あかね書房 2014
64P 29cm × 22cm

- ■監修　岡島秀治
- ■写真　高嶋清明
- ■文　　大木邦彦（企画室トリトン）
- ■編集協力　企画室トリトン（大木邦彦・堤 雅子）
- ■写真協力　ネイチャー・プロダクション
  - p17 上左　松木鴻諮
  - p17 上右　大沢夕志
  - p21 右2段目　内山りゅう
  - p22 上　　海野和男
  - p25 下3点　今森光彦
  - p60 下左　伊藤年一
  - p60 上右　海野和男
  - p58　　　国立感染症研究所
- ■イラスト　小堀文彦
- ■デザイン　イシクラ事務所（石倉昌樹・隈部瑠依）
- ■協力　白岩 等、柴田 稔、赤澤経治
- ■参考文献
  - ・内田桂吉（1998），生物コーナー　蚊はなぜヒトや動物の血を吸うのか，化学と生物 .vol.36, no.3, p.168-172
  - ・国立感染症研究所昆虫医科学部ほか（2011）.ヒトスジシマカの生態と東北地方における分布域の拡大. IASR（6月号），p167-168
  - ・Mutsuo Kobayashi, Osamu Komagata, and Naoko Nihei（2008）, Global Warming and Vector-borne Infectious Diseases, Journal of Disaster Research, Vol.3, No.2, pp. 105-112
  - ・東京都感染症情報センターホームページ, idsc.tokyo-eiken.go.jp/diseases/mosquito/
  - ・「蚊の科学」（1976），著・佐々学・栗原毅・上村清，(株) 図鑑の北隆館
  - ・「ヒトスジシマカ形態写真－バイオセンサー・マイクロマシンの観点から」（1999），監修・真喜屋 清／編集・中部電力電気利用技術研究所，九州大学出版会.
  - ・「おもしろサイエンス 蚊の科学」（2007），荒木修, 日刊工業新聞社.
  - ・「ドキドキいっぱい虫のくらし写真館15 カ」（2004），監修・高家博也／写真・海野和男／文・大木邦彦, ポプラ社.
  - ・「大自然のふしぎ昆虫の生態図鑑増補改訂版」（2010），監修・岡島秀治, 学研教育出版
  - ・「蚊の博物誌－生態・病気媒介・文化」（1995），著・栗原毅／画・石部虎二, 福音館書店.
  - ・「ウエストナイル熱媒介蚊対策に関するガイドライン」（2003），ウエストナイル熱媒介蚊対策に関するガイドライン作成に関する研究班, 厚生労働省

科学のアルバム・かがやくいのち 18
カ　ヤブカの一生

初版発行 2014年3月1日

- 著者　　高嶋清明
- 発行者　岡本光晴
- 発行所　株式会社　あかね書房
  - 〒101-0065　東京都千代田区西神田3－2－1
  - 03-3263-0641（営業）　03-3263-0644（編集）
  - http://www.akaneshobo.co.jp
- 印刷所　株式会社 精興社
- 製本所　株式会社 難波製本

©Nature Production, Kunihiko Ohki. 2014 Printed in Japan
ISBN978-4-251-06718-0
定価は裏表紙に表示してあります。
落丁本・乱丁本はおとりかえいたします。